AF597762

ALLE ZEIT WACHE
1842

R. Gutdeutsch Chr. Hammerl
I. Mayer K. Vocelka

Erdbeben als historisches Ereignis

Die Rekonstruktion des Bebens von 1590 in Niederösterreich

Mit 12 Abbildungen

Springer-Verlag Berlin Heidelberg GmbH

Professor Dr. Rolf Gutdeutsch
Christa Hammerl
Institut für Meteorologie und Geophysik, Universität Wien,
Währinger Str. 17, 1090 Wien, Austria

Dr. Ingeborg Mayer
St. Veithgasse 53/6, 1130 Wien, Austria

Dr. Karl Vocelka
Universität Wien, Institut für Österreichische
Geschichtsforschung, Dr.-Karl-Lueger-Ring 1,
1010 Wien, Austria

Umschlagmotiv: Erdbebenwirkungen in Wien am 15.–16. September 1590 nach der zeitgenössischen Flugschrift von Hanns Schultes, Augsburg

---

Additional material to this book can be downloaded from http://extras.springer.com

ISBN 978-3-540-18048-7 ISBN 978-3-642-72818-1 (eBook)
DOI 10.1007/ 978-3-642-72818-1

CIP-Kurztitelaufnahme der Deutschen Bibliothek. Erdbeben als historisches Ereignis : d. Rekonstruktion d. Bebens von 1590 in Niederösterreich / R. Gutdeutsch ... – Berlin ; Heidelberg ; New York ; London ; Paris ; Tokyo : Springer, 1987.
NE: Gutdeutsch, Rolf [Mitverf.]

2132/3130-543210

Inhaltsverzeichnis

Motivation

Am 15. September 1590 erschütterte ein gewaltiges Erdbeben weite Gebiete Mitteleuropas. Zwischen Sachsen und Slowenien, Württemberg und der ungarischen Pußta wurde es gefühlt und so stark in der Öffentlichkeit beachtet, daß nicht wenige Menschen ihre Eindrücke niederschrieben und so der Nachwelt überlieferten. Schwere Schäden richtete es in Wien und Bratislava an. In dem westlich davon gelegenen Tullner Feld verwüstete es ganze Ortschaften und zerstörte Burgen und Schlösser. Erstaunlich weitab hiervon, nämlich in einigen südlich des Wiener Waldes liegenden Ortschaften, kam es ebenfalls zu schweren Gebäudezerstörungen.

Zur Zeit dieses Bebens gab es noch keine organisierten Erhebungen von Katastrophenschäden. Darum wird uns das ganze Ausmaß der Katastrophe, die Zahl der Opfer und der Umfang der angerichteten Schäden für immer verschleiert bleiben. Nur bruchstückartig, gewissermaßen in Form einzelner Mosaiksteine, geben uns zeitgenössische Dokumente Zeugnis eines gewaltigen Naturereignisses aus der subjektiven Optik einzelner Menschen. Sie geben Auskunft, was diese im Bebengebiet erlebten und beobachteten, und wie sie dieses Ereignis im Rahmen ihrer Vorstellungswelt deuteten. Diese Dokumente sind die einzigen Grundlagen, die dem Seismologen heute für die Analyse des Bebens zur Verfügung stehen.

Die Unvollständigkeit der Quellen ist der Hauptgrund für die Schwierigkeit der Deutung. Man stellte zwar schon sehr bald fest, daß dieses Beben das größte überhaupt war, das jemals zu geschichtlichen Zeiten in Niederösterreich aufgetreten ist; die Zeugnisse über Gebäudeschäden erwiesen sich aber als so lückenhaft, daß es unmöglich war, in üblicher Weise die Isoseisten in der Nähe des Epizentrums zu zeichnen. Dieser Umstand erschwerte eine genaue Festlegung des makroseismischen Epizentrums und legte damit den Grund für spätere folgenschwere wissenschaftliche Kontroversen. Es bereitete den Seismologen auch Kopfzerbrechen, daß die größten Schäden in einem Gebiet vorkamen, das seit Beginn des 20.Jahrhunderts praktisch aseismisch ist und das deutlich abseits der bekannten Bebengebiete der Mur-Mürz-Furche und des Wiener Beckens liegt. Es fehlen daher sichere Anhaltspunkte, die es ermöglichen könnten, dieses Beben einer seismisch aktiven Störungszone zuzuordnen. Nichtsdestoweniger haben sich einige Geowissenschaftler mit diesem Ereignis befaßt, sodaß heute darüber ein umfangreiches Schrifttum existiert. Aus den besagten Gründen enthalten diese Arbeiten aber viele hypothetische Elemente. So zog zum Beispiel der erste Bearbeiter E. Suess[1] die Hypothese in Betracht, daß nicht ein, sondern zwei Beben mit zerstörerischer Wirkung in kleiner räumlicher und zeitlicher Distanz zu der eigenartigen Schadensverteilung geführt hätten. Dieser Ansicht wurde erst in allerjüngster Zeit widersprochen. [2]

Bis in die 70iger Jahre hinein interessierten sich nur einige Wissenschaftler für dieses mit seinen Ungereimtheiten und offenen Fragen äußerst problematische Erdbeben. Das änderte sich aber in dem Maße, wie sich nach der Energiekrise 1973 die Einsicht durchsetzte, daß man die einheimische Energiegewinnung stärker betreiben müsse. Dieser Wandel wurde deutlich sichtbar, als 1978 die Öffentlichkeit in eine Debatte über die Inbetriebnahme des Kern-kraftwerkes Zwentendorf, das nur 30 km vom mutmaßlichen Epizentrum des Bebens entfernt liegt, eintrat. Daß die Volksabstimmung am 5.November 1978 eine Mehrheit gegen die Inbetriebnahme erbrachte, war sicherlich - auch - eine Folge der allgemeinen Verunsicherung durch die widersprüchlichen Argumente der Erdbebengefährdung.

---

[1] Suess, Eduard: Die Erdbeben Niederösterreichs. II. Abschnitt - Das Erdbeben vom 15. und 16.September 1590, in: Sitzungsberichte der mathematisch-naturwissenschaftlichen Klasse der kaiserlichen Akademie der Wissenschaften (Wien 1873) 17-20

[2] Drimmel, Julius und Gabriele Lukeschitz: Makroseismische Neubearbeitung der "Neulengbacher"-Beben der Jahre 1873, 1875 und 1895, in: Anzeiger der mathematisch-naturwissenschaftlichen Klasse der österreichischen Akademie der Wissenschaften 1986 (im Druck)

Was ist aus dem Ereignis zu lernen? - einem Ereignis, bei dem eine vorher rein akademische und in einzelnen Aspekten ungeklärte Frage plötzlich in den Brennpunkt vitaler öffentlicher Interessen gerät und dann, noch völlig unreif für eine Beurteilung, zu einer folgenschweren politischen und wirtschaftlichen Entscheidung beiträgt?

Rückblickend muß man sagen, daß die Geowissenschaftler für diese Debatte nicht genügend vorbereitet waren. Der zur Zeit der politischen Diskussion vorhandene Kenntnisstand über das Beben war lückenhaft und ließ durchaus widersprechende Interpretationen zu. Hinzu kam, daß die Frage nach der Standortsicherheit eine Art einseitig präziser Antworten verlangt, Antworten, die möglicherweise gar nicht aus dem vorhandenen Datenmaterial abgeleitet oder grundsätzlich nicht gegeben werden können. Eine wichtige Lehre bestand darin, daß nicht allein die Geowissenschaften, sondern auch die historische Forschung zu diesem Thema etwas zu sagen hat.

Diese Gründe sind es vor allem, die eine Neubearbeitung des Neulengbacher Bebens vom 15.September 1590 in Form einer Pilotstudie motivierten.

Diese Arbeit ist durch das Projekt P 4853 "Bestimmung der physikalischen Parameter historischer Erdbeben in Österreich" des Fonds zur Förderung wissenschaftlicher Forschung in Österreich finanziert worden.

Durch wichtige Hinweise und durch Übernahme spezieller Aufgaben im Rahmen dieses Projektes haben uns geholfen:

Hr. N. Blaumoser/ Wien, Mag. V. Derman/ Wien, Dr. J. Drimmel/ Wien, Mag. M. Eigner/ Wien, Dr. G. Grünthal/ Potsdam, Prof. O. Dr. Hageneder/ Wien, Fr. St. Haunstein/ Königstetten, Dipl. Ing. J. Hofer/ Wien, Dr. W. Hummelberger/ Wien, Dr. V. Karnik/ Prag, Hr. J. Köstelbauer/ Tulln, Dr. J. Kozak/ Prag, Fr. G. Lukeschitz/ Wien, Hr. M. Mandlmayr/ Wien, Dr. Ch. Mochty/ Wien, Dr. M. Niederkorn/ Wien, Dr. M. Pippal/ Wien, Dr. Dr. F. Röhrig/ Klosterneuburg, Dipl. Kfm. J. Rubbert/ Klosterneuburg, Dr. E. Schmid/ Judenau, Mag. L. Schöfbeck/ Königstetten, Prof. Dr. W. Seiberl/ Wien, Dr. J. Weissensteiner/ Wien

Die Österreichische Nationalbibliothek und die Wiener Stadt- und Landesbibliothek haben uns die Publikation der in den Abbildungen 4, 7 und 8 wiedergegebenen historischen Dokumente gestattet.

Ihnen allen sei für ihre Unterstützung herzlich gedankt.

Die Qualität historischer Forschungen steht und fällt mit der Gewissenhaftigkeit zeitgenössischer Berichterstatter. Darum sollen an dieser Stelle auch ihre Leistungen gewürdigt werden, durch die der Nachwelt jene Dokumente übermittelt wurden, ohne die die vorliegende Arbeit nicht möglich gewesen wäre.

Ziel dieser Studie und Erarbeitung einer Systematik zur Quellenerhebung

Das Ziel dieser Studie besteht darin, die vereinten Methoden der historischen und der seismischen Forschung zur Erreichung eines bestimmten Zieles einzusetzen, der Analyse des Bebens vom 15.September 1590. Diese Analyse besitzt einen seismologischen und einen geschichtswissenschaftlichen Aspekt. Der Seismologe interessiert sich vor allem für geowissenschaftliche Parameter des Bebens wie die Magnitude und das tektonische Spannungsfeld. Dagegen liegen die gesellschaftlichen Auswirkungen solcher großen Naturereignisse im Interessensbereich des Historikers. Die gemeinsame Arbeit zielt besonders auf das wichtige allgemeine Problem, wie sicher historische Unterlagen aus dem 16.Jahrhundert überhaupt ein Beben belegen können. Wie groß ist der Spielraum der Möglichkeiten innerhalb derer geowissenschaftliche Antworten gegeben werden können ? Ehe man dieser Frage nähertritt, ist eine gründliche Analyse der Quellen notwendig. Hier ist zunächst der bestehende Mißstand zu beheben, daß das meistzitierte Standardwerk über das Neulengbacher Beben[3] schon über hundert Jahre alt ist und nach Inhalt und Arbeitsmethoden nicht dem heutigen Standard entspricht. Die wissenschaftlichen Methoden haben sich weiterentwickelt, sodaß man heute mehr Information aus den gleichen Quellen schöpfen kann als vor 100 Jahren. So wurde zum Beispiel die Intensitätsskala nach Mercalli-Sieberg und Cancani[4] lange nach Suess entwickelt und verbessert.[5] Die Pilotstudie soll also auch helfen, die Gefahr einer leichtfertigen Argumentation auf Grundlage solcher alten Arbeiten zu verringern.

Der erste Einstieg in diese Arbeit besteht in einer Reinterpretation der von früheren Autoren verwendeten Quellen. Diese

---

[3] Suess: Die Erdbeben Niederösterreichs

[4] Sieberg, August: Geologische, physikalische und angewandte Erdbebenkunde (Jena 1923)

[5] Richter, Charles: Elementary Seismology (San Francisco London 1958)

Autoren hatten ein spezielleres Ziel als wir, was sich in der Art der Wiedergabe ihrer Zitate ausdrückt. Hierdurch entsteht automatisch eine eher einseitige Betrachtungsweise, zum Beispiel zitieren sie Quellen nur in dem Ausmaße, wie sie für ihre Anliegen dienlich erschienen.

Bei unserer Vorgangsweise darf man hoffen, daß sich auch neue Quellen erschließen lassen, die bisher nur deshalb nicht entdeckt wurden, weil die Fragestellung nicht darauf gerichtet war.

Tatsächlich hat sich diese Erwartung bestens erfüllt, denn es wurden zahlreiche neue wertvolle Informationen gewonnen, die einige Irrtümer aufklärten und außerdem wirklich neue Dokumente ans Licht brachten. Wir haben im Zuge der Recherchen viele Archive und Bibliotheken angeschrieben und auch persönlich besucht. Dabei haben wir Hilfe in verschiedenster Form erfahren, sodaß sich die Pilotstudie auf die Mitarbeit zahlreicher Außenstehender stützen kann. Sie hat zum Beispiel zu dem wertvollen Zufallsfund des Briefes der Eva Ungnad vom 18.September 1590[6] geführt. Dennoch muß man sagen, daß der Arbeitsaufwand dieser Nachforschungen im krassen Mißverhältnis zur Ausbeute steht - einer häufig gemachten Erfahrung bei der historischen Forschung. Wir müssen damit rechnen, und nehmen es auch bewußt in Kauf, daß die Quellenbasis immer noch nicht vollständig ist. Unsere Deutungen könnten also durch zukünftige Hinweise bestätigt oder korrigiert werden.

Ein wesentlicher Teil dieser Pilotstudie bestand darin, die in Archiven verschiedener Länder weit verstreuten Originaltexte über das Beben zusammenzustellen. Diese Schriften sind lateinisch oder in der jeweiligen Landessprache, d.h. in italienisch, ungarisch, tschechisch oder deutsch verfaßt. Die aufgefundenen Unterlagen werden in Anhang B sowohl im Urtext als auch in deutscher Übersetzung wiedergegeben. Diese Form der Präsentation soll dem Leser die Möglichkeit einer eigenen Übersetzung und auch einer eigenen Interpretation geben.

---

[6] Brief der Eva Ungnad an Carolus Clusius vom 18.September 1590. Leiden, Univ.Bibl. MS 101 (6)

Soweit möglich haben wir die Originaltexte vollständig wiedergegeben, weil sie nicht nur die das Beben betreffenden Sätze enthalten, sondern auch Aufschluß über den Kontext des Schreibers geben. Es hat sich nämlich gezeigt, daß nur in diesem Sinne vollständige Texte die Motive, die persönliche Optik und damit eine Klassifikation der Quellen ermöglichen.

Quellengattungen

Anders als bei älteren Arbeiten über historische Erdbeben soll hier vorweg eine Wichtung der Quellen nach drei Kriterien

VOLLSTÄNDIGKEIT

GENAUIGKEIT

ZUVERLÄSSIGKEIT

erfolgen. Die Bewertung der einzelnen Quellen berücksichtigt jeweils den Gesamteindruck, den man durch Benotung dieser drei Kriterien erhält. Es gibt aber noch einen hierzu parallelen Gesichtspunkt der Zuordnung, und zwar nach Quellenherkunft und persönlicher Optik des Schreibers. Wir haben daher eine Einteilung der Quellen in fünf Gattungen vorgenommen, wobei wir ausdrücklich einräumen, daß natürlich auch andere Formen der Zuordnung - besonders für andere Epochen - denkbar und nützlich sein können.[7]

A) Zeitgenössische Beschreibungen (nur solche, die erkennen lassen, daß sie von Augenzeugen verfaßt wurden, und/oder die zeigen, daß sich der Schreiber um eine möglichst objektive und genaue Darstellung bemüht hat, sowie Rechnungen über Gebäudeschäden)

VOLLSTÄNDIGKEIT: Gut und besser

GENAUIGKEIT: Gut und besser

ZUVERLÄSSIGKEIT: Gut und besser

Diese Quellen sind die wertvollsten. Zu ihnen rechnen wir die persönlichen Nachrichten von Augenzeugen etwa in Briefen und die nicht tendenziösen zeitgenössischen Berichte. Erstere sind leider, wie oben erwähnt, nur spärlich überliefert und entziehen sich einer planmässigen Erforschung, weil es unmöglich ist, etwa

[7] Brandt, A. von: Werkzeug des Historikers. Urban-Taschenbücher 33 (Stuttgart-Wien-Mainz 1958) 49 ff.

alle Briefbestände aus der Zeit um 1590 in Europa zu durchsuchen. Leichter erfaßbar sind die Gesandtenberichte. Sehr wichtige Dokumente dieser Art sind z.B. die Briefe des venezianischen Gesandten Giovanni Dolfin vom 18. und 25.September 1590[8], die schon Suess erwähnte. Zufällig wurde der oben erwähnte Brief der Eva Ungnad vom 18.September 1590 von Wien nach Leiden in der Bibliothek der Stadt Leiden gefunden. Wenn auch diese Briefe keine quantitativen Aussagen über spezielle Schäden, die das Beben anrichtete, enthalten, so erzählen sie doch in der bildhaften Sprache des miterlebten Schreckens und geben damit einen direkten Hinweis auf die Bebenstärke.

Eine andere zeitgenössische Quellenart des 16.Jahrhunderts stellen die "Fugger-Zeitungen" dar. Es handelt sich dabei um gesammelte Ereignismeldungen für das große Bank- und Wirtschaftsunternehmen der Familie Fugger in Augsburg,das damit eine Art privates Nachrichtensystem in der frühen Neuzeit aufgebaut hatte. In diesen "Brief-Zeitungen" wurden nicht nur wirtschaftliche und politische Nachrichten, die für die Geschäftsinteressen der Familie Fugger bedeutsam waren, aus ganz Europa übermittelt, sondern ähnlich wie bei den heutigen Nachrichtenagenturen wichtige Lokalereignisse geschildert. Die Fugger-Zeitungen enthalten auch interessante Angaben über das Beben vom 15.September 1590. Besonders ist zu vermerken, daß die Schreiber der Briefe deutlich zwischen dem Selbsterlebten und dem Gehörten unterscheiden. Als Beispiel sei ein Brief[9] aus der Fugger-Zeitung vom 16.September aus Wien, der gleich nach der Schreckensnacht verfaßt, die Unmittelbarkeit des persönlichen Erlebnisses widerspiegelt, zitiert: Das Beben "welches gestern nach mittag umb 5 uhrn seinen anfang genommen, die heusser allenthalben inn der statt dermassen erschittert, die leuth darinn und anders empor gehoben, vmb mitternacht aber etliche heusser gar eingeworffen, etliche personen erschlagen und St.Steffan, St.Michaels, zue unser Frauen kir-

[8] Wien, HHStA Dispacci di Germania Fasc.17, Brief des Giovanni Dolfin vom 18.Sept.1590, fol.137

[9] Wien, ÖNB Cod. 8963, fol. 654 v

chen und thuern vil ziegel und grosse stückh von sich geworffen. Deßgleichen von des keyßers burg, knöpf, stain, stuckh, ziegel und rauchfäng, ettliche zerspalten und abgehebt, die taach noch uf einander kleben und stehn blibn...bey mir hats die Schottenkirchen schier halb eingeworffen". (Anmerkung: Es handelt sich demnach um den Bericht einer persönlichen Inaugenscheinnahme). 8 Tage später sind auch von der Umgebung Wiens Schadensmeldungen eingelangt und der Schreiber notiert: "...sollen inn 28 schlösser umb die statt herumb und der Thonau hinauf, eingeworffen, oder gefallen sein."[10] Der Schreiber läßt klar erkennen, daß er von diesen Schäden nur vom Hörensagen weiß.

Dokumente über Kosten der Reparatur von Schäden scheinen zunächst besondere Wichtigkeit zu haben. Später soll aber gezeigt werden, daß dies nicht immer der Fall ist. Man muß zum Beispiel den zeitbedingten Gegenwert des Guldens von 1590 im Baugewerbe kennen. Gerade bei dieser wichtigen Frage kann die historische Forschung entscheidende Hilfestellung anbieten.

B) Annalen, Chroniken, historische Kompilationen und Schriften aus dem 20.Jahrhundert, bei denen wir die originalen Quellen nicht selbst gelesen haben, aber auf Grund sorgfältiger Prüfung als zuverlässig ansehen

VOLLSTÄNDIGKEIT: Mangelhaft bis Unbefriedigend

GENAUIGKEIT: Befriedigend bis Mangelhaft

ZUVERLÄSSIGKEIT: Gut bis Befriedigend

Diese Quellengattung betrachten wir als überwiegend zuverlässig, weil sie im Wesentlichen die Überlieferung wichtiger, das Kloster oder den Ort betreffender Ereignisse zum Ziele hat. Sie schildert die Beobachtungen sachlich und ist weitgehend frei von Unter- oder Übertreibungen und Ausschmückungen. Der Nachteil für unseren speziellen Zweck ist, daß sie oft zu ungenau oder auch unvollständig sind. Dafür wären viele Gründe denkbar, die z.B. bei Brandt[11] ausführlich dargelegt werden.

---

[10] Wien, ÖNB Cod. 8963, fol.670 r

[11] Brandt, Werkzeug des Historikers, 61 f.

In diesem Sinne gibt es auch Grenzfälle dieser Quellengattung, die eigentlich zu den im übernächsten Kapitel besprochenen tendenziösen Schriften gehören.

So findet sich in den Annalen des Stiftes Kremsmünster folgende Notiz: "Am Festtag Peter und Paul im Jahre 1590 war ein so starkes Erdbeben, daß unser gesamtes Kloster erschüttert wurde".[12] Diese Aussage ist mehrdeutig. Es wird nicht klar gesagt, ob jemand im Kloster das Beben bemerkt und als solches erkannt hat - was der Intensität mindestens IV Grad SIS entspräche - oder ob jemand das Beben wahrgenommen, aber erst später im Gedankenaustausch, vielleicht erst, nachdem Nachrichten von auswärts über das Beben eingelangt waren, als solches erkannte. Dieses würde aber nur der Intensität III Grad SIS entsprechen. Die zur Klassifikation nötige Differenzierung ist aus der Nachricht nicht zu entnehmen.

Ereignisaufzeichnungen dieser Quellengattung sind nicht immer zeitgenössisch. So heißt es etwa in einer Notiz im Archiv des Stiftes Klosterneuburg, das nur 15 km vom vermuteten Epizentrum entfernt liegt: "Am 15.September 1590 empfanden wir auch jenes Erdbeben, welches in Wien den Stephansthurm gebogen, das Dach von dem Michaelerthurm abgeworfen und die Dachung in dem Schottenkloster eingestürzet hatte."[13] Die Sprache zeigt, daß es sich um eine spätere Übersetzung eines uns nicht zugänglichen Textes handelt. Dennoch ist diese Notiz wichtig, weil Klosterneuburg mitten im Schadensgebiet liegt. Eine speziellere Aussage kann aber nicht getroffen werden, weil dokumentierte Rechnungen über etwaige Schäden für die fragliche Zeit bisher nicht auffindbar sind.

---

[12] "In die Petri et Pauli factum est terrae motus, ut totum nostrum monasterium fuerit motum anno 1590." Stift Kremsmünster CC Cim 3, fol.189 v

[13] Stiftsarchiv Klosterneuburg Karton 462, Fasc.14: "Tag-Buch der Überschwemmungen, Erdbeben und Winden vom 16.Jahrhundert an bis in unsere Zeiten". Bei dieser Quelle handelt es sich um eine auf Klosterneuburger Quellenmaterial, das zum Teil verloren gegangen ist, beruhende Kompilation des 19.Jahrhunderts.

Schließlich muß man bei Annalen und Chroniken mitberücksichtigen, daß manche Nachrichten von Kloster zu Kloster oder von Stadt zu Stadt übermittelt wurden. Wenn der Ort der Abfassung einer solchen Chronik im Fernfeld des Bebens liegt, wäre es voreilig aus der Erwähnung des Erdbebens schließen zu wollen, es sei hier auch gefühlt worden. Im Fernfeld hinterlassen Beben keine sichtbaren Zeugnisse, sondern nur die subjektive Erinnerung. Darum können später dazugekommene Informationen gemeinsam mit dem begrenzten Erinnerungsvermögen zu einer veränderten Vorstellung und dann zu einer unrichtigen Darstellung des Erlebten führen.

Quellen dieser Gattung enthalten oft persönliche Kommentare und Deutungen des Schreibers über die Ursache des Erdbebens. Diese äußerst interessanten Quellen gehören dann allerdings in die Erdbebenliteratur.

C) Erdbebenliteratur

VOLLSTÄNDIGKEIT: keine Wertung

GENAUIGKEIT: keine Wertung

ZUVERLÄSSIGKEIT: keine Wertung

Schriften, die naturkundliche Beschreibungen, oder kausale bzw. finale Erklärungsversuche des Erdbebens enthalten, haben wir unter der Quellengattung der Erdbebenliteratur zusammengefaßt. Sie stellen zumeist Sekundärschriften dar, die sich bis ins 20.Jahrhundert erstrecken, und den Wandel der Vorstellungen über Naturereignisse, wie etwa auch Erdbeben, reflektieren. In diesem Sinne liefern sie dem Wissenschaftshistoriker aufschlußreiches Quellenmaterial. Die allerjüngsten Arbeiten dieser Gattung seit Einrichtung der geophysikalischen Observatorien etwa um das Jahr 1900 liefern die Grundlage unserer seismologischen Interpretation.

Eine für unser Thema wichtige historische Quelle bildet zum Beispiel die Erdbeben-Chronik des Organisten und Schriftstellers am Wiener Schottenstift Johannes Rasch[14], der als Zeitge-

---

[14] Rasch, Johannes: Erdbidem Chronic Nach art eines Calen-

nosse das Beben persönlich miterlebte, sowie das Werk "Terra tremante" von Marcello Bonito[15] Auch das 1788 von Anton Pilgram publizierte Werk[16] widmet sich dem Beben vom 15.September 1590 im Rahmen eines sehr interessanten Versuchs, die Wiederholungsneigung der Erdbeben zu quantifizieren. Pilgrams Werk bildet auch insofern eine Hilfe, weil es sorgfältiger als andere die Primärquellen prüft. Leider muß man jedoch für den Großteil dieser Literatur bis hinein ins 20.Jahrhundert sagen, daß sie zwar die Quellen angibt, jedoch oft wichtige, zur Identifizierung nötige Daten nicht anführt. Dadurch lassen sich die angegebenen Quellen oft nicht mehr eruieren, weswegen wir alle später daraus gezogenen Schlüsse bei dem angelegten sehr kritischen Maßstab nur mit Vorbehalten ziehen dürfen.

In manchen Fällen zeigen diese Schriften aus dem Zeitgeist zu verstehende gängige Vorstellungen über die Ursache des Erdbebens. In diesem Sinne könnte man den am 18.September 1590 geschriebenen Brief des venezianischen Gesandten in Prag Giovanni Dolfin einerseits - wie oben erwähnt - zur Gattung A oder auch zur Erdbebenliteratur rechnen, in dem er sich in folgender Weise äußert: "Man hat die Ursache des Geschehenen auf die große Dürre, die es in diesem Jahr gab, zurückgeführt. Die Weiseren haben es so betrachtet, daß es der reine Wille Gottes sei, der auf viele Art und Weise der ganzen Welt ... die gerechte Strafe Gottes gegen die Christen gezeigt hat."[17] Wenig später findet der Lateinlehrer Wolfgang Lindner in seinen "An-

ders, sambt einem kurtzen bericht vnd Catalogo Autorum. Darin allerley Erdbiden vnd Erdklüfften, vor Christi Geburt 1569 vnd sovil deren biß auf diß 1591 jars her beschrieben (München 1591)

[15] Bonito, Marcello: Terra tremante, overo continuatione de' terremoti dalla creatione del mondo sino al tempo presente (Napoli 1691).

[16] Pilgram, Anton: Untersuchungen über das Wahrscheinliche der Wetterkunde (Wien 1788)

[17] Wien, HHStA, Dispacci di Germania Fasc.17, Brief des Giovanni Dolfin vom 18.Sept. 1590, fol.137

nalen"[18] bereits eine höhere Wertung der naturkundlichen Betrachtungsweise. Er dürfte das Beben vermutlich in Wien oder Waidhofen/Ybbs miterlebt haben. Sein aus dem Lateinischen übersetzter Text lautet:"...Auch wenn es eine deutliche Strafe Gottes war und ein Vorzeichen für den folgenden Krieg gegen die Türken (1592-1606 langer Türkenkrieg Rudolfs II.), so ist dennoch aus natürlichen Ursachen sein Ursprung zu erklären. Nämlich war, wie gesagt wurde, im Sommer ungefähr zehn Wochen lang eine ungeheure Hitzewelle, durch welche die Erde mancherorts sehr breite Risse und Spalten erhielt, durch welche Luft und Wind eindringen konnten. Darauf folgten im August mehrere Tage andauernde Regenfälle, sodaß auch die Flüsse ungeheuer anwuchsen und deshalb eine große Überschwemmung folgte. Aus allen diesen Gründen, wie später einige glaubten, sind die 'Winde' in die Eingeweide der Erde eingeschlossen worden, die deshalb dann einen Ausgang suchend, die ganze Gegend brüchig machten und häufig stark erschütterten." Der Autor fühlt sich zunächst zu einem Zugeständnis gegenüber der katholischen Kirche verpflichtet. Erst nach dieser moralischen Absicherung wagt er einen naturwissenschaftlichen Erklärungsversuch. Man darf nicht vergessen, daß der moralische Druck der Kirche auch für den frühneuzeitlichen Menschen noch eine gewisse Hürde bedeutete, die er erst nehmen mußte, bevor er es sich gestattete, seiner naturkundlichen Neugierde nachzugeben. Im Hinblick darauf ist es erstaunlich, daß diese Quellen so viele für die seismologische Ausdeutung taugliche Zeugnisse hervorgebracht haben.

D) Tendenziöse Quellen

VOLLSTÄNDIGKEIT: Gut bis Mangelhaft

GENAUIGKEIT: Gut bis Unbefriedigend

ZUVERLÄSSIGKEIT: Ausreichend bis Mangelhaft

---

[18] Schiffmann, Konrad (hg.): Die Annalen (1590-1622) des Wolfgang Lindner, in: Archiv für die Geschichte der Diözese Linz. Beilage zum Linzer Diözesanblatt. hg.vom bischöflichen Ordinariat, Jg.VI/VII (Linz 1908) 9/10

Unter tendenziösen Quellen verstehen wir zeitgenössische Dokumente, in denen das Beben genannt oder beschrieben wird, wobei es dem Schreiber darum geht, einer Sache, die nicht unbedingt mit dem Beben zusammenhängt, Gehör zu verschaffen, oder um persönliche Vorteile zu erreichen. Darum ist er nicht notwendigerweise um eine sachorientierte Beschreibung des Ereignisses bemüht, die wir für die Beurteilung der Bebenstärke brauchen, sondern um die Hervorhebung ihm wichtiger Punkte. Das ist aber nicht immer ein Nachteil. Wenn eben diese spezifische Beschreibung aus bestimmten Gründen im Interesse des Schreibers liegt, dann kann das Dokument sehr aufschlußreich sein. Ein gutes Beispiel dafür ist der im Kapitel "Das Gebiet um und in Wien" besprochene Predigttext des Pfarrers Hedericus aus Helmstadt.

Da man solche Quellen neben anderen, welche die Bebenschäden übertrieben darstellen, bzw. bewußte Ungenauigkeit oder extrem einseitige Darstellungen enthalten, findet, ist ihr seismologischer Wert problematisch. Ihre Aussagen sind besonders kritisch zu prüfen. Am schwierigsten ist die Deutung von Texten, die durch ihre Weglassung wichtiger Fakten einen einseitigen Eindruck entstehen lassen. Diese Vorgangsweise, in der heutigen Zeit mit dem Begriff "Desinformation" bezeichnet, kann sehr versteckt sein, insbesondere, wenn sie vom Schreiber unbewußt vollzogen wurde. Ein wesentlicher Anteil der Geschichtsforschung bestand im Rahmen dieser Studie darin, aus den tendenziösen Quellen die konkreten Angaben von den unzuverlässigen und unspezifischen zu trennen, was nicht immer leicht fällt.

Es sei aber hervorgehoben, daß tendenziöse Quellen, ähnlich der Erdbebenliteratur oft einen faszinierenden Einblick in die Vorstellungswelt und den Bildungsstand des Autors und damit indirekt seiner Epoche gestatten. Sie eröffnen damit trotz ihrer Problematik ein weites Feld wissenschaftshistorischer Aspekte, die aber nicht direkt Gegenstand dieser Studie sind.

Bei der Beschreibung des Bebens von 1590 kann man in den tendenziösen Quellen hauptsächlich drei Motive für Ungenauigkeit, Einseitigkeit oder Übertreibung finden: In den kurz nach dem

Beben verfaßten Predigten wird besonders an die Bußfertigkeit der Gläubigen appelliert. Bei den Flugschriften ist die Tendenz, durch Übertreibung des Ereignisses eine bessere Verkäuflichkeit zu erreichen, feststellbar und bei den Bittschriften (adeliger und geistlicher) Grundherren um finanzielle Unterstützung bzw. Steuererleichterung, ist ebenfalls das Motiv der Übertreibung von Schäden denkbar.

Allgemein werden Erdbeben in den zeitgenössischen Predigten, ähnlich wie Seuchen oder die osmanische Expansion, als Strafe Gottes gedeutet, gegen die es nur ein einziges Mittel gibt, nämlich Buße und Besserung tun. "Dann das gott der allmächtige, doch die vngestümme erdbebungen der menschen sünden so wol, als durch schädliche wasser, wind, blitz, donner, schaur, hagel, fewer, krieg, thewrung, pestilentz und andere gemeine landplagen heimsuche, züchtige und straffe, das bezeugt gottes wort so hell und vberflüssig, daß es kein mensch nit widersprechen kan."[19] Diese Tendenz ist eine in der Literatur der Reformation und Gegenreformation verbreitete Aussage, die in den Rahmen der sogenannten Sozialdisziplinierung einzuordnen ist. Dabei wird mit der Angst der einfachen Menschen spekuliert, die sich umso eher einer Disziplinierungsmaßnahme unterwerfen, je größer ihre Furcht vor der Strafe ist. Daneben ist auch eine dem damaligen Zeitgeist entsprechende barocke Ausschmückung und Übertreibung zu berücksichtigen.

Bei der Bewertung von Flugschriften sind vor allem zwei Punkte zu berücksichtigen: Einerseits stehen Flugschriften im engen Zusammenhang mit der Propaganda, die um 1590 noch stark von kirchlichen Einflüssen gesteuert war, sodaß ähnliche

---

[19] Schweitzer, David: Ein Christliche Bußpredigt/ Auch Gründtliche vnnd außführliche Erklärung/ der erschröcklichen/ grausamen vnd schädlichen Erdbeben, so sich im verlauffenen 90.Jahr den 15.Septemb. vnd nachmals vielfältig in Oesterreich/ und andern vmbligenden gräntzenden Ländern vnd Königreich/ erzeigt haben: Gehalten Zu Schöngrabern in Nider Oesterreich/ Anno 1590. den 14.Sontag nach Trinit. durch M. Dauid Schweitzern Stutgardianum... (Frankfurt/Main o.J.)

Interpretationsversuche für die Erdbeben wie bei den Predigten auftreten. Andererseits lag der Verkauf von Flugschriften im wirtschaftlichen Interesse des Herausgebers und Druckers, sodaß eine "reißerische" Aufmachung, verbunden mit einer Übertreibung des Geschehenen, nahe lag. Diese beiden Motive spielten sicherlich bei der Abfassung des in Abbildung 1a wiedergegebenen Flugblattes eine Rolle. Hier zeigt ein Druck die bebengeschädigte Stadt Wien. Der besseren optischen Wirkung wegen ist der Knick des Stephansturmes in unrealistischer Weise verstärkt dargestellt. (In Wirklichkeit betrug die seitliche Verbiegung der Spitze ca. 2 m) Der kirchlichen Auffassung nach, wonach das Beben als Strafe Gottes anzusehen sei, wird auch noch im letzten Absatz des Begleittextes Genüge getan.

Als Beispiel für Bittschriften adeliger Grundherren sei hier ein Text aus den ständischen Akten genannt, welcher in typischer Weise die Unschärfe der Darstellung der Gutsherren zeigt: "Extract aus der h(erren) veror(dneten) ambtsrelationen anno 1591 die erdbidem betr(effend) 5.7.1591:...was gestalt die erschröckhliche erdbidem im vierthl O(ber dem) W(iener) W(ald) vielen herrn und landtleuthen merckhlichen grossen schaden gethan, wie das auß demselben herr Franz von Prösing f(rei)h(er)r, Ferdinand Christoph Geyer, Hainrich von Edt und Hanß Gerhab, denen es ihre schlösser und mayrhöff also auch ihren underthanen ihre arme häußl in grundt nider geworffen, bey denen herrn verordneten durch supplicirn... anlangt."[20] Diese Darstellung ist unspezifisch, d.h. man kann daraus nicht entnehmen, worin die Zerstörungen bestanden haben. Vielmehr gewinnt man den Eindruck, daß den Verordneten der niederösterreichischen Stände eine dramatische Darstellung der Vorgänge gegeben werden sollte, um Steuererleichterungen einfacher und rascher durchsetzen zu können. Jedoch wird die Quellenkritik durch Kontrolle ständischer Verordneter relativiert.

---

[20] Ständische Akten, Niederösterreichisches Landesarchiv fasc. G-2-1, fol. 219, r,v

Wenn die Möglichkeit der Übertreibung vermutet werden muß, liegt der Gedanke nahe, der Intensitätsangabe ein kleiner-gleich Zeichen voranzustellen. Es hat sich jedoch erwiesen, daß nicht einmal diese Einschränkung immer ausreichend begründet werden kann. Es liegt ja in der Natur der Übertreibung, daß sie sich in Ermangelung einer realistischen Grundlage meistens eher unspezifisch und pauschal äußert. Unspezifischen Bebenmeldungen läßt sich aber schwerlich eine Intensität zuordnen, weil ihnen die Klassifikationsmerkmale fehlen. Dennoch können tendenziöse Quellen wichtige Teilinformationen enthalten, die durch die Übertreibung nicht entstellt werden können, z.B. Ortsnamen.

E) Schriften des 19. und 20.Jahrhunderts, bei denen wir die Recherchen nach der Herkunft ihrer Quellenangaben aus Zeitgründen einstellen mußten

VOLLSTÄNDIGKEIT: Befriedigend bis Ungenügend

GENAUIGKEIT: Keine Wertung, da gegenstandslos

ZUVERLÄSSIGKEIT: Ungenügend

Der Aussagewert dieser Gattung von Quellen kann erst nach eingehender Prüfung beurteilt werden. Für unser spezielles Ziel sind diese Quellen - trotz ihrer problematischen Zuverlässigkeit und obwohl sie oft unvollständige oder ungenaue Zitate enthalten - insofern wichtig, als sie einen hohen Prozentsatz der Ortsangaben aus dem Fernfeld des Bebens bilden. Die Referenzlisten der Erdbebenkataloge des 20.Jahrhunderts, z.B. von Láska[21], Sieberg[22] und Radics[23] bestehen überwiegend

---

[21] Láska, Václav: Die Erdbeben Polens, in: Mitteilungen der Erdbeben-Commission der kaiserlichen Akademie der Wissenschaften in Wien, N.F.VIII (Wien 1902)

[22] Sieberg, August: Beiträge zum Erdbebenkatalog Deutschlands und angrenzender Gebiete für die Jahre 58 bis 1799, in: Mitteilungen des Deutschen Reichs-Erdbebendienstes, Heft 2 (Berlin 1940)

[23] Radics, Peter von: Historische Erdbeben in Schlesien, in: Die Erdbebenwarte I (Laibach 1901/02)

aus Quellen dieser Art. Wir haben uns also gründlich mit ihnen auseinanderzusetzen. Hier ein typisches Beispiel: Simon Pohludka[24] schreibt: "Ob jenes Erdbeben, durch das am 7.September 1590 um 5 Uhr nachmittags zu Wien der rothe Thurm einstürzte und der St.Stephansdom, die Schottenkirche, nebst vielen anderen Gebäuden beschädigt wurde, auch in Mähren gespürt worden, ist zwar nicht bekannt; wohl aber war jenes, welches acht Tage später, nämlich am 15.September, nicht nur zu Wien, sondern auch in Böhmen, dann zu Iglau und Fulnek fühlbar. Zu Iglau bemerkte man an diesem Tage Erdstöße, wie Habermann erzählt: "...ohngefer in der 23 stundt auch ihn der 24 stundt wiedterumb undt zwischen 6 undt 7 auch wiedterumb hott gewerett pies auf 9..." Diese Nachricht enthält einen offensichtlichen Zuordnungsfehler. Dennoch wäre zu prüfen, ob sie u.U. wichtige Informationen über das Beben enthält, z.B. ob es in Iglau gefühlt worden ist. Das herangezogene Zitat von Habermann gibt zwar darüber Auskunft. Es ist aber unvollständig, weil die Datumsangabe fehlt. Das Habermann-Zitat findet sich übrigens auch bei Jeittels (30) in der gleichen unvollständigen Form, sodaß anzunehmen ist, daß Pohludka bei Jeittels abgeschrieben hat ohne das Original gesehen zu haben. In diesem Sinn wären die auf Iglau bezogenen Meldungen von Pohludka und vermutlich auch von Jeittels der Quellengattung E zuzuordnen. Ergänzend sei aber gesagt, daß wir die Chronik des Habermann ausgehoben und festgestellt haben, daß es sich wirklich um unser Beben handelt. Der vollständige Text beginnt nämlich mit "...am 15 septembris ist abermall ein erdtpiwen gewest, ohngefer in der 23 stundt..." Das vollständige Zitat zeigt nun auch, daß die Zeitangaben Habermanns nicht stimmen (siehe Kapitel "Die Erdbeben 1590 in Niederösterreich). Aus diesem Grunde konnten wir diese Quelle nicht verwenden. Daran sieht man, wie schwierig es mitunter sein kann, den Wert einer Quelle richtig einzuschätzen und warum die Quellengattung E als so überaus unzuverlässig eingestuft werden muß.

---

[24] Pohludka, Simon: Erdbeben in Mähren und Schlesien, in: Mitteilungen des Naturwissenschaftlichen Vereins in Troppau 1 (Troppau 1895) 94-95

Es kommt vor, daß der Schreiber in seiner eigenen Sprache detailliert über das Erdbeben schreibt und auch konkrete Angaben über Schäden macht. Er gibt auch Quellen an. Nachforschungen bringen dann allerdings ans Licht, daß diese Quellen zwar existieren aber die bezeichnete Aussage nicht enthalten. So schreibt Geiblinger[25] sehr detailliert über die Anzahl der im Epizentralgebiet durch das Beben zerstörten Gebäude und zitiert als Quelle Wolfgang Lindners Annalen. Diese allerdings nennen das Beben nicht an der von Geiblinger genannten Stelle, sondern ganz woanders, und außerdem keineswegs in der beschriebenen detaillierten Weise. Es ist kein Einzelfall, daß die Recherchierungen einer Quelle auf diese oder ähnliche Weise im Sande verlaufen.

Am schwierigsten zu beurteilen sind Schriften über das Erdbeben, die überhaupt keine Quellenangaben machen. Dies trifft besonders für viele Zeitungsartikeln des 19. und 20.Jahrhunderts zu, wenn natürlich auch nicht grundsätzlich für alle. Der an strenge Beurteilungsmaßstäbe gewöhnte Wissenschaftler wäre unter Umständen geneigt, solche Meldungen als unbrauchbar für die Bebenanalyse ganz beiseite zu lassen. Es könnte aber sein, daß sie sich auf uns unbekannte, aber zuverlässige Quellen beziehen. Diese Quellen könnten verloren gegangen sein, oder es wäre möglich, daß sie sich durch geduldiges Suchen doch noch finden ließen. Weil man das nicht im Vorneherein wissen kann, andererseits aber die Sucharbeit sehr mühsam ist und viel Zeitaufwand erfordert, haben wir uns entschlossen, Quellen dieser problematischen Herkunft trotzdem zu verwenden. Allerdings geben wir durch einen besonderen Hinweis ihr geringes Gewicht an.

---

[25] Geiblinger, Stephan: Geschichte der Pfarrgemeinde und Schulgemeinde Tulbing, umfassend die Dörfer Tulbing mit Tulbing am Kogel und Katzelsdorf (Tulbing 1933) 148

Beurteilungsgrundlage der Beben von 1590

Bevor die zeitgenössischen Dokumente über das Beben im Detail besprochen werden, sei auf die häufig gestellte Frage eingegangen, ob denn die heute gebräuchliche Intensitätsskala (MSK 64) für Erdbeben im 16.Jahrhundert anwendbar ist. Die Frage ist berechtigt, weil ja die Sprachgewohnheiten, die zur Begriffsbestimmung der Skala dienen, dem 20.Jahrhundert entsprechen. Wir glauben jedoch diesen Einwand unter Hinweis auf die in dem letzten Kapitel aufgeführten Quellenklassifikation - wenigstens für das hier vorgelegte Beispiel - entkräften zu können. Tatsächlich sind viele Berichte von einer Präzision und sprachlichen Differenziertheit, daß sie den heutigen Maßstäben entsprechen, wie z.B. die Fugger-Zeitungen. Wenn diese Voraussetzungen nicht gegeben sind - z.B. in den tendenziösen Predigten und manchen Chronik-Kompilationen - soll eine gründliche Prüfung der Glaubwürdigkeit angestellt und danach erst die Entscheidung gefällt werden, ob eine Intensitätsabschätzung durchgeführt werden soll oder nicht. Das Argument, daß die Bebensicherheit der Gebäude von 1590 keineswegs mit der moderner Gebäude verglichen werden darf, kann schwer widerlegt werden. Vieles spricht für die Vermutung, daß damals weniger sicher gebaut wurde als heutzutage. Demnach müßten damalige ländliche Bauten zu der in der MSK 64-Skala[26] entsprechenden Bauklasse A, also der schwächsten, gehören. Da keine andere Gründe dagegen sprechen, wollen wir bei unserer Deutung von dieser nicht streng nachprüfbaren Annahme ausgehen. Die Schäden an heute noch stehenden und bekannten Gebäuden wären dann aber individuell zu beurteilen.

[26] vgl. dazu Bolt, A.: Erdbeben, eine Einführung (New York 1984)

Wir verwenden weiters die sehr detaillierten, von Drimmel[27] angeführten Kriterien zur genauen Spezifizierung und Verbesserung der MSK 64-Skala, die er "Seismische Intensitätsskala 1985", abgekürzt SIS 85-Skala, nennt. Die SIS 85-Skala ordnet die Meldungen in 5-6 Reaktionsgrade nach Erdbebenwahrnehmungen durch Menschen, Erdbebenwirkungen auf Inventar von Gebäuden, Erdbebenwirkungen auf Gebäude und Erdbebenwirkungen im Freien. Hierbei verwendet sie die Einteilung in Bauklassen A, B und C der MSK 64-Skala. Die Termini "wenig", "mehrere" und "viele" werden durch relative Häufigkeit 5,5%, 17,5% und 55% festgelegt, die wir in dieser Form auch für das Beben 1590 so interpretieren wollen.

[27] Drimmel, Julius: Seismische Intensitätsskala 1985 (SIS 1985) (Vorschlag einer Neufassung der Intensitätsskala MSK 64), in: Arbeiten aus der Zentralanstalt für Meteorologie und Geodynamik, Heft 62 (Wien 1985), Publikation Nr.299

Die Erdbeben 1590 in Niederösterreich

Im Jahre 1590 ereigneten sich in Niederösterreich eine ganze Serie von Erdbeben. Abbildung 2 zeigt die zeitliche Folge der aus Wien gemeldeten Erschütterungen. Die erste ereignete sich am 29.Juni gegen 18 Uhr. Von dieser standen Suess 1873 nur 3 Bebenmeldungen mit Ortsangaben zur Verfügung; nämlich Wien[28], Ebreichsdorf[29] und Iglau.[30]

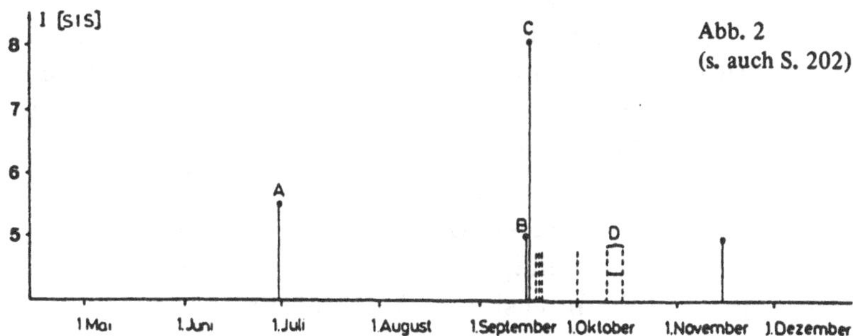

Abb. 2
(s. auch S. 202)

Kalender der 1590 in Wien gefühlten Erdbeben

¦	Beben ohne Intensitätsabschätzung
A	Erdbeben bei Kirchberg am Wechsel
B	2 Vorbeben, vermutlich bei Neulengbach
C	Hauptbeben bei Neulengbach und 8 Nachbeben
D	2 Nachbeben ohne genaue Zeitangabe

---

28 Wien, ÖNB Cod. 8963, fol.458 v

29 Hoff, Karl Ernst Adolf von: Chronik der Erdbeben und Vulcan-Ausbrüche mit vorausgehender Abhandlung über die Natur dieser Erscheinungen, Erster Theil: Vom Jahre 3460 vor bis 1759 unserer Zeitrechnung, in: Geschichte der durch Überlieferung nachgewiesenen natürlichen Veränderungen der Erdoberfläche IV.Theil (Gotha 1840) 51

30 Jeitteles, Heinrich Ludwig: Versuch einer Geschichte der Erdbeben in den Karpathen- und Sudeten-Ländern bis zum Ende des 18.Jahrhunderts, in: Zeitschrift der deutschen geologischen Gesellschaft 12 (1860); Suess, Eduard: Die Erdbeben Niederösterreichs, 77.

Die beiden ersten Ortsangaben stammen aus Primärquellen, während letztere nur aus Sekundärschriften zu entnehmen war. Wegen dieses dürftigen Datenmaterials ließ Suess die Frage nach dem Epizentrum und damit auch die Frage, ob es sich um ein Vorbeben zu den Ereignissen vom 15. und 16.September gehandelt haben mag, offen. Die Meldungen[31] aus Wien lassen mit ziemlicher Sicherheit auf die Intensität V Grad SIS schließen. Die Nachricht aus Ebreichsdorf lautet: "...am 29.Juni 1590 wurden die Gebäude des Ebreichsdorfer Schlosses durch ein schreckliches Beben mit Getöse erschüttert... Das Wasser vom Brunnen der Pfarrkirche wurde so stark bewegt, daß es dem Schöpfenden sozusagen ins Gesicht spritzte..." Diese Meldung läßt auf die Intensität VI-VII SIS schließen. Wir haben weitere Zeugnisse dafür, daß das Beben sehr stark war, und zwar auf Grund der Chronik von Lindner[32], die darüber berichtet, daß die kleinen Glocken im Waidhofener (Kirch-) Turm zu mehreren Schlägen gebracht wurden; dieses Indiz läßt den Schluß auf die Intensität V-VI Grad SIS zu.

Schließlich gibt es noch einen deutlichen Hinweis, daß das Beben sein Epizentrum noch südlich von Ebreichsdorf gehabt hat. Es wurde nämlich das Frauenkloster in Kirchberg/Wechsel[33], das allerdings schon durch die Türkenkriege beschädigt war, so schwer in Mitleidenschaft gezogen, daß es als baufällig bezeichnet wurde. Hierüber gibt eine Bittschrift der Äbtissin um Gelder zum Wiederaufbau in beredeter Sprache Auskunft. (Quellengattung C, I = VII Grad SIS)

Bei Bedachtnahme aller dieser Umstände glauben wir nicht, daß dieses Ereignis als Vorbeben der Neulengbacher Beben vom 15.-16.September anzusehen ist. Wäre dies der Fall, so hätte man aus dem Raum Tulln Meldungen von dramatischen Zerstörungen, weit größer als die am 15./16.September 1590

---

[31] Wien, ÖNB Cod. 8693, fol.458 v

[32] vgl. dazu Schiffmann: Annalen des Wolfgang Lindner, 10

[33] N.N.: Zur Geschichte des Frauenklosters in Kirchberg/Wechsel, in: Blätter des Vereins für Landeskunde von Niederösterreich, Bd.22 (Wien 1888) 207

dort angerichteten, finden müssen, was aber nicht der Fall ist. Wahrscheinlich lag das Epizentrum dieses Bebens viel weiter im Süden. Im Epizentrum dürfte dann die Intensität größer als VII Grad SIS gewesen sein.

Die ersten Vorbeben des großen Neulengbacher Ereignisses wurden am 15.September gegen 17 Uhr gespürt, das zweite, schon stärker, gegen 18 Uhr. Beide Erschütterungen sind gut durch unabhängige Quellen[34] für den Stoß um 17 Uhr und für den um 18 Uhr[35] belegt. Der erste von beiden, vielleicht auch beide Stöße, wurden nicht nur in Wien, sondern auch in Litomerice/Leitmeritz, Steyr[36] und wahrscheinlich auch in Lauban(Schlesien)[37] wahrgenommen.

Wenn man als Epizentrum Neulengbach annimmt, so kommt man auf eine Epizentralintensität von ca. VI bis VII Grad SIS für diese Ereignisse. Das Neulengbacher Hauptbeben ereignete sich dann zwischen 0 und 1 Uhr am 16.September. Als genauere Zeit notiert der Stadtschreiber von Litomerice/Leitmeritz

---

[34] Rom, Biliotheca Vaticana, MS Regin.lat.613, Itinerarium Ladislai Weleni baronis a Zierotin 1590-1594, fol. 7r /Katzerowski, Wenzel: Die meteorologischen Aufzeichnungen der Leitmeritzer Stadtschreiber aus den Jahren 1564 bis 1607. Ein Beitrag zur Meteorologie Böhmens (Prag 1886) 19f. /Plenciz, Marcus-Anton: Opera medico-physica in 4 tractatus dipesta. Tractatus IV "De terrae motu" (Wien 1762) 19 /Hedericus, Johannes (Johann Heidenreich): Oratio de Horribili et Insolito Terrae motu, qui recens Austriam vehementer concussit, & aliquot vicinas regiones agitauit (Helmstadt 1591)

[35] Rasch: Erdbidem-Chronik /Plenciz: "De terrae motu" /Preuenhueber, Valentin: Annales Styrenses samt dessen übrigen Historisch- und Genealogischen Schrifften, Zur nöthigen Erläuterung der Oesterreichischen, Steyermärkischen und Steyerischen Geschichten. Aus der Stadt Steyer uralten Archiv und anderen glaubwürdigen Urkunden, Actis Publicis und bewaerten Fontibus mit besondern Fleiß verfasset (Nürnberg 1740) 307

[36] Katzerowski: Die meteorologischen Aufzeichnungen, 19f. /Preuenhueber: Annales Styrenses

[37] Radics: Erdbebenwarte 1, 117-118

0 Uhr 15.[38] Dieses gewaltige Erdbeben richtete besonders im Raum südlich von Tulln katastrophale Zerstörungen[39] und schwere Schäden in Wien[40] an. Diese bilden die Beurteilungsbasis des Bebens und werden im folgenden Kapitel ausführlich besprochen.

Dem großen zerstörenden Erdbeben folgten in den ersten drei Stunden mindestens 3 Nachbeben, die so stark waren, daß sie noch in Steyr wahrgenommen wurden. Weitere kräftige Nachstöße folgten um 9 Uhr[41], 11 Uhr[42] und 14 Uhr.[43] Der 17.September scheint eher ruhig abgelaufen zu sein. Am 18. und 19.September lebte die Nachbebentätigkeit mit mindestens je einer Erschütterung auf.[44] Danach ließ die Aktivität langsam nach.

Gut belegt ist ein Nachbeben am 20.September[45] und am 1.Oktober[46]. Es werden schließlich noch 3 Nachbeben in der Woche vor dem 13.Oktober[47] und eines gegen 21 Uhr am 12. November[48] gemeldet. Einem Bericht nach[49] reichte die Nachbeben-

---

[38] Katzerowski: Die meteorologischen Aufzeichnungen, 19f.

[39] NÖLA, Ständische Akten Fasc. G-2-1, fol.216 r,v; 218 r,v; 219 r,v

[40] Wien, ÖNB Cod.8963, fol.654r,668r, 670r

[41] Rasch: Erdbidem Chronic

[42] Rasch: Erdbidem Chronic

[43] Rasch: Erdbidem Chronic /Brenner, Leopold: Historia cartusiae Mauerbacensis, in: Pez, Hieronymus (hg.): Scriptores rerum Austriacarum, 2.Band (Leipzig 1725) 7365

[44] Radics, Peter von: Geschichtliche Erinnerungen an Wiener Beben 1581 und 1590, in: Die Erdbebenwarte 5 (Laibach 1905/06) 125f. /Wien, ÖNB Cod. 8963, fol.656r, fol.668r

[45] Wien, ÖNB Cod.8963, fol.668r /Radics, Wiener Erdbeben, Erdbebenwarte 5, 125f.

[46] Radics: Wiener Erdbeben, Erdbebenwarte 5, 125f.

[47] Wien,ÖNB Cod.8963, fol.837r

[48] Wien,ÖNB Cod.8963, fol.885v

[49] Rom, Bibliotheca Vaticana, MS Regin.lat.613, Itinerarium

aktivität bis ins folgende Jahr hinein. Diese Dauer stimmt mit Erfahrungswerten für Beben dieser Größenordnung im 20.Jahrhundert überein.

Ladislai, fol.7 r

Das Hauptbeben am 15. – 16. September 1590

Wie oben erwähnt, liegt eine große Zahl von Schadensmeldungen vor, die sich auf ein ausgedehntes Gebiet zwischen Wien, Traiskirchen und dem Tullner Feld erstrecken. Gegen die leichtfertige Verwendung historischer Schadensmeldungen werden heute mit gutem Grund Einwände erhoben. Darum sollen aus der Fülle von unterschiedlichen Berichten nur diejenigen genau analysiert werden, die ein höchstes Maß an Verbindlichkeit und Genauigkeit aufweisen. Diese Bedingung ist bestens erfüllt bei der Analyse von Schäden an Gebäuden, die heute noch stehen, und deren Baugeschichte gut bekannt ist. Bei ihnen kennt man die Bauweise und oft auch die Höhe der Reparaturkosten. Es handelt sich vornehmlich um Kirchen und Klöster.

Das Gebiet um und in Wien

Die ausführlichsten und genauesten Schadensberichte stammen aus Wien. Auch in zeitgenössischen Flugschriften finden sich Beschreibungen dieser Bebenschäden. Zwei darauf bezogene Flugblätter sind in den Abbildungen 1a und 1b wiedergegeben.

Die Türme der Michaelerkirche und der Schottenkirche stürzten teilweise zusammen und richteten beträchtlichen Zufallsschaden an den jeweiligen Kirchengebäuden an. Im Bereich des heutigen 17. Wiener Gemeindebezirkes Hernals fiel die damalige Dorfkirche zusammen. Der Stephansdom wurde schwer beschädigt, desgleichen die Türme der Jesuitenkirche, der Unser Frauen Kirche (Maria am Gestade), der Lorentzkirche, der Johanneskirche und des Dominikanerstiftes. Beim Einsturz der Herberge "Zur guldnen Sonne" in der Rotenturmstraße fanden 9 Personen den Tod. Eine bemerkenswerte Bebenfolge berichtet Hedericus: "...Ich berichte auch von dem Wunder, daß vier Meilen oberhalb von Wien eine Mühle vom Wasser erfaßt an eine benachbarte Stelle getragen wurde und so trocken blieb. An dieser Stelle wurde auch infolge der Erschütterung eine große Menge von Fischen ans Ufer geworfen. Darüberhinaus stieß die aufgerissene Erde innerhalb von Wien einen schweren, pestialischen Geruch aus, so daß die Menschen ihn nicht ertragen konnten. Jener Spalt, dessen Ausmaß ein Spacium übersteigt, über welches Wagenräder sich hinwegsetzen können, hinterläßt bis heute einen so tiefen Schlund, daß niemand die Tiefe jenes fassen kann und keiner ohne Gefahr darüber hinweggehen kann oder darf."[50] Dieses Dokument stammt aus einem Predigtdruck des Autors, der um 1590 Professor in Helmstadt war und die Bebenauswirkungen in Wien (wahrscheinlich) nur vom Hörensagen kannte. Hedericus beruft sich jedoch bei seinem Bericht ausdrücklich auf die Aussage von "wahrheitsgetreuen und hervorragenden Männern"[51]. Die Glaubwürdigkeit seiner Aussagen läßt sich noch weiter begründen. Erstens wissen wir, daß Phänomene dieser Art durchaus bei sehr großen Erdbeben vorkommen können und zweitens wäre diese Beschreibung für eine reine Erfindung der Phantasie viel zu detailliert. Bei großen Erdbeben im Bereich der Ozeane entsteht oft eine seismische Woge, wenn der Meeresboden im Epizentralgebiet größere Vertikalversetzungen erfährt. Die bis zu mehreren Metern Höhe aufsteigenden seismischen Wogen verwüsten oft die Küstenstreifen. Sie heben manchmal Schiffe, Strandgut und Fische auf das Land und lassen sie auf dem Trockenen zurück. Es wäre denkbar, daß ein vergleichbarer Effekt in kleinerem Maßstab auch zum Versetzen der Mühle geführt hat. Obwohl die Donau ein fließendes Gewässer mit verhältnismäßig kleinem Wasservolumen ist, liegt doch die Entstehung einer seismischen Woge anläßlich des Bebens im Bereich des Möglichen. Es ist zum Beispiel auch bei dem Scheibbser Beben vom 17.Juli

---

[50] Hedericus, Oratio de Horribili

[51] Hedericus, Oratio de Horribili /vgl. auch M.I.A.W. Chronica oder Sammlung alter und neuer Nachrichten von den merkwürdigsten Erdbeben, sowohl wie sich solche seit der Schöpfung bis zu gegenwärtigen Zeiten in allen vier Theilen der Welt geäussert, als auch, was selbige für Ursachen zum Grunde haben (Wien 1764) 49

1876[52] ein kurzzeitiger "Stau" des Donauwassers beobachtet worden. Diese Woge lief natürlich auch in die kleineren Zuflüsse der Donau hinein, an denen Wassermühlen betrieben wurden und bewirkte in dem beschriebenen Beispiel eine kurzzeitige Überschwemmung.

Das Sichöffnen von Erdspalten ist ebenfalls ein bei großen Erdbeben häufig vorkommendes Phänomen. Nach der Beschreibung von Hedericus mag die Spaltbreite 15-30 cm betragen haben. Diese Zahlenangabe verhilft uns aber nicht zu einer Abschätzung der Dislokation am Herd und damit auch zu keiner Abschätzung der Magnitude des Bebens. Das Dokument sagt nichts über die vertikale bzw. horizontale Versetzung und auch nichts über seine Richtung aus. Das Öffnen der Erdspalte war vermutlich ein Sekundäreffekt.

Die Schäden am Stephansdom

Die umfangreichsten und genauesten Schadensberichte beziehen sich auf den Stephansdom in Wien. Aus dem 134m hohen südlichen Hauptturm brachen oberhalb der Uhr, also im Helm, zahlreiche Steine und Verzierungen heraus. Viel Material fiel auf den Domplatz. Nach Berichten aus der Fugger-Zeitung sind vom Südturm "stueckh zwanzer centner und mer schwer herab gefallen".[53] Viele Berichte stimmen darin überein, daß die obere Turmspitze durch das Beben seitlich ver-

---

52 "Eine Erscheinung muß noch erwähnt werden, die von mehreren Personen am Donaustrome beobachtet wurde. Es schien bei dem Hauptstoß eine plötzliche Stagnation einzutreten und, vom diesseitigen Ufer zurückweichend, schwollen die Wasser gegen das Inundationsgebiet flußartig an. Das großartige Schauspiel währte selbstverständlich nur wenige Sekunden." /Kowatsch, A.: Das Scheibbser Erdbeben vom 17.Juli 1876, in: Mitteilungen der Erdbeben-Kommission der kaiserlichen Akademie der Wissenschaften, N.F.40 (Wien 1911) 14

53 Wien, ÖNB Cod.8963, fol.668 r

bogen wurde. Nur die innen eingezogenen Eisenstangen verhinderten nach Meinung einiger Zeitgenossen den völligen Einsturz. So schreibt z.B. Volmary in seiner "Newen Zeitung" 1591: "...und sich der thurn (gemeint ist der hohe Südturm) dermassen gneiget, wenn mans nach dem winckelmaß solt absehen, sich der knopff auff ein gutt klaffter auff die seiten würde finden, und zu besorgen, der thurn möcht noch einfallen: welches allbereit geschehen were, wenn die quaterstück nicht so vleissig, mit eyserm bandwerck verschlossen, und mit bley nicht so gnaw vergossen und verwaret weren."[54]

Wie oben erwähnt, sind die Schäden in Abbildung 1b übertrieben dargestellt. Der Künstler kannte die Schäden vermutlich von Berichten, dafür spricht auch die Bildbeschreibung, die teilweise wörtlich mit dem Fuggerbericht übereinstimmt.[55]

In Anbetracht der Tatsache, daß der Helm sich pyramidenförmig verjüngt, oben aber ein mehrere Tonnen schweres Gewicht, bestehend aus dem an der Spitze angebrachten Halbmond, der Steinkrone und einer Steinkugel trug, muß angenommen werden, daß der Hauptbruch nicht am unteren Ende des Helmes, sondern weiter oben, etwa in 120m Höhe erfolgt ist. In diesem Falle dürfte sich der Helmteil oberhalb davon mehrere Grad aus der Lotrechten geneigt haben. Der einsturzbedrohte Südturm stellte natürlich auch für die umgebenden Häuser eine ständige Gefahr dar. Die Fugger-Zeitungen notieren: "...disen thurn wollt man gern abtragen lassen, so wollen sich iedoch die werkleuth und maurer nit vndersteen zurüsten, da es aber ie müglich were, sollichen thurn widerumb zu reparieren, wie er zuvor gewest, schetzt man den uncosten auf 300.000 fl."[56]

---

[54] Volmarius, Marcus: Newe Zeittung vom schröcklichen Erdbidm/ den 15.nach dem Newen/ aber den 5.tag Septembris/ nach dem alten Calender/ deß 1590. Jars/ zu Wien in Oesterreich geschehen: Sampt einer Erleuterung Marci Volmarij... (1591) XII

[55] vgl. dazu Wien, ÖNB Cod. 8963, fol.668 r

[56] Wien, ÖNB Cod. 8963 fol. 668 r

Dies waren nicht die einzigen Schäden am Stephansdom. Auch der Nordturm, in dem damals die großen Glocken hingen, erlitt schwere, aber nicht genau bezeichnete Schäden.[57] Zwei Türmchen - vermutlich über dem Eingangsportal - fielen herunter und durchbrachen das Vestibül der Kirche.[58]

Differenziertere Aussagen enthalten Angebote und Rechnungen von Handwerkern, die einzelne Erdbebenschäden reparierten, so etwa Steinmetzrechnungen am Stephansdom über einen Betrag von 2000 fl. aus dem Jahre 1598[59]. Zahlenangaben wie diese haben wir heute besonders auf ihre Glaubwürdigkeit zu prüfen, denn wenn sie begründet sind, geben sie eine realistische Grundlage der Schadensabschätzung. Es wäre zunächst wichtig festzustellen, welchen Gegenwert die genannten Summen in Reparatur- und Bauarbeiten besaßen. Zum Bau der Wiener Karlskirche im 18.Jahrhundert wurden die erforderlichen 300.000 fl. durch eine Spendenaktion der Kronländer aufgebracht.[60] Wenn man also im 18.Jahrhundert für eine Summe von 300.000 fl einen Dom bauen konnte, dann scheint diese Schätzsumme für das Jahr 1590 überhöht. Die Überhöhung würde bei Einbeziehung der zeitbedingten Geldentwertung noch eklatanter ausfallen.

1577 verdiente ein Maurergeselle 12 Kreuzer, 1588 ein Zimmermann 11 Kreuzer, 1597 ein Ziegeldeckergeselle 8 Kreuzer pro Arbeitstag.[61] Wenn man annimmt, daß 100 Handwerker dieser Zünfte an den Reparaturarbeiten beschäftigt wer-

---

[57] "Auch der unausgebaute kleine Turm wurde 1590 sehr stark erschüttert und 1597 wieder ausgebessert." Ogesser, Joseph: Beschreibung der Metropolitankirche zu St.Stephan in Wien (Wien 1779) 62

[58] Zierotin, Itinerarium Ladislai Weleri Zeratini baronis 1590 – 1594, Rom Bibliotheca Vaticana, MS Regin.lat. 613, fol.7 r

[59] Ogesser, Metropolitankirche, 35

[60] Andics, Hellmut: Gründerzeit. Das schwarzgelbe Wien bis 1867 (Wien-München 1981)

[61] Přibram, Alfred Francis: Materialien zur Geschichte der Preise und Löhne in Österreich, Band 1 (=Veröffentlichungen des

den müßten, eine Bauzeit von 2 Jahren zu je 300 Arbeitstagen und einem mittleren Arbeitslohn von 11 Kreuzern pro Mann und Arbeitstag ansetzt, kommt man auf reine Lohnkosten von 2x300x11x100=660.000 Kreuzer. Oder, da 1590 60 Kreuzer 1 Gulden entsprachen, auf 11.000 fl. Das sind weniger als 5% der Schätzsumme. Weitere Kosten wie etwa für den Transport, Baustoffe und die Vermittlung von Arbeitskräften sind heute schwer zu eruieren. Darum ist die Schätzsumme entweder völlig unrealistisch überhöht oder sie wirft ein bezeichnendes Bild auf die soziale Situation der Arbeitnehmer und die Wirtschaftsstruktur der damaligen Zeit.

Man entschied sich, zunächst die Zahl der Turmwächter von bisher zwei auf drei zu erhöhen.[62] Offenbar war auch die Turmuhr durch herabfallenden Stuck beschädigt, denn die gleiche Quelle nennt auch eine Reparaturarbeit des Wiener Bürgers und Stadtuhrmacher Hans Ofner, der die Turmuhr mit einem neuen Windflügel versah und weitere notwendige Arbeiten für einen Preis von "5 gulden 4 schilling pfennig"[63] durchführte.

Es war nun notwendig, den schlimmsten Schaden, die Verbiegung der oberen Turmspitze zu beheben. Die Stadt erteilte ebenfalls Hans Ofner diesen Auftrag. Dieser schrieb ein Gesuch an Erzherzog Ernst, welches indirekt über Bauweise und Schaden Auskunft gibt. "Und da der (Turm) durch mich, und andere bestigen und besehen worden, so hat man doch khainen gefunden zu vndersteen den stern, und monschein, der grosse und eiserne stangen halber, darauff er gestanden wie menigelichen gesehen, aller khrumpp gehangen zum herabfallen sich gericht, den widerumben jn die gratte zu stelln, ich aber habe mit gottes hillff, und meiner khunsst, dessen gleichwoll mit sehr grosser ge-

---

Internationalen Wissenschaftlichen Komitees für die Geschichte der Preise und Löhne 1, Wien 1893) 18

[62] "item ainem zuegeordneten wachter, nach gehörttem erdt pidem" Wien, WStLA Ober-Stadt- Kammeramtsrechnungen 1/118 für 1590 Fasc.81/1, 318 Nr.803/804/805

[63] Wien, WStLA Ober-Stadt-Kammeramtsrechnungen 1/118 für 1590 Fasc. 81/1, 317 Nr.800

fahr meiness leibss und lebenss, mich dessen vnderfangen, stern und monschein widerumb jn die gerotte gestölt, dess nit allain der ganzen statt, sondern dem gannczen lanndt ain zier ist, dan vill khunstreichen werckhleitt vermaindt, ess sei die grosse eissne diekhe stangen widerumb jn die richtige geredte zu bringen vnmüglichen, man mueste die herliche vast khunstreiche rosen, und amb thüern, ains taillss abtragen, wolte man anderst die lenge und diekhe eissernstangen, widerumb geradt machen, dass man den stern, widerumb auffrichten khunde,.dess zwar ain grosse suma gelts cost, und man ain lange zeit mit grosser gefahr zuebringen müessen, weillen dan jch mit meiner khunst, gottlob die sachen (gleich woll mit grosser gefahr meiness leibss und lebens) dahin gericht, dass der stern, widerumb auffrecht steet, und nach dem windt sein gang hat..."[64]

Mit der dicken Eisenstange war offenbar die Helmstange gemeint, die ca. 12m unterhalb der Steinkugel im Turminneren verankert war und koachsial mit dem Turm verlaufend, diesen noch um ca. 8m überragte. Da nach Ofners Darstellung Fachleute die Entfernung der Steinrose, ca. 3m unter der Spitze, für erforderlich hielten um die Helmstange gerade zu biegen, ist anzunehmen, daß diese schon unterhalb derselben stark verbogen war.

Ofner richtete die Stange neu ein und mußte die Steinkugel größtenteils abschlagen. Was mit der Steinrose geschah, ist nicht überliefert. Die niederösterreichische Regierung bezahlte ihm für die heikle Arbeit nach einem Dokument vom 25.April 1592 mit 70 fl. -Das ist mehr als der Jahreslohn eines Maurergesellen.

Die wichtigste, weil quantitative Information ist die genannte bleibende seitliche Verbiegung der Spitze des Südturmes um ca. 2m. Diese muß noch im 18.Jahrhundert vorhanden gewesen sein, da Plenciz[65] schreibt: "Diese Krümmung seiner

[64] Gesuch Hans Ofners an Erzherzog Ernst, Hofkammer-Archiv, abgedruckt in: Berichte und Mittheilungen des Altertums-Vereines zu Wien, Bd.VIII (Wien 1865) XXXVI f.

[65] Plenciz: Tractatus IV "De terrae motu", 19

Spitze dauert bis heute fort." Um diese Schadensform zu verstehen, muß man die Reaktion der Eisenstangen im Turm auf das Beben kennen. Man kann heute sagen, daß diese für gotische Bauwerke typische Bauweise besonders im Hinblick auf die Erdbebensicherheit vorteilhaft war.

Wie ist es zu dieser bleibenden Verbiegung gekommen? In der ersten Phase des Erdbebens dürften es vorwiegend die steinernen Bauteile gewesen sein, welche durch ihre Elastizität die Schwingeigenschaften, besonders die Eigenperioden des Turmes bestimmten. Als im Verlaufe des Bebens (Dauer der Bewegungen großer Amplitude für Beben dieser Größe ca. 6 sec) die Schwingungsamplituden immer größer wurden, zerbrach das Mauerwerk zunehmend und verlor damit seine tragende Eigenschaft. Danach übernahm das eiserne Gerippe die Hauptlast. Die hohe Duktilität der Eisenteile bewirkte eine starke Dämpfung, z.B. Verringerung der Resonanzüberhöhung. Die nach dem Beben zurückgebliebene Deformation ist daher auf das quasiplastische Verhalten des Eisengerüstes zurückzuführen. Sie gibt indirekt Auskunft über die Größe der Bodenerschütterungen. Ob daraus quantitative Angaben, z.B.die Größe und die Dauer der starken Erdbewegungen zu entnehmen sind, mag einer späteren Bearbeitung überlassen bleiben.

Die Michaelerkirche

Anton Kieslinger[66] hat in seiner sehr gründlichen Studie über die Baugeschichte der Michaelerkirche viele für unsere Beurteilung wichtige Unterlagen ausgehoben und interpretiert. Unsere Deutung stützt sich im wesentlichen auf seine Arbeit.

Vor dem Beben von 1590 hatte die Kirche eine etwas andere Gestalt als heute, wie aus Abbildung 3 hervorgeht. Der damalige Turm besaß einen gotischen Steinhelm, der auch die Uhr trug.

---

[66] Kieslinger, Anton: Der Bau von St.Michael in Wien und seine Geschichte (Wien 1953)

Er war nach Ansicht Kieslingers ca. 16m niedriger als der nach dem Beben errichtete neue, viel schlankere Turm mit Kupferdach. Damals besaß das romanische Langhaus eine ca. 5m geringere Firsthöhe als der Choranbau. Im Zuge des 1590-1596 durchgeführten Neubaues wurde die Firsthöhe des Langhauses der des Choranbaues angeglichen.

Die Michaelerkirche dürfte allein schon deswegen besonders bebengefährdet gewesen sein, weil ihre Mauern aus Bruchstein (Leithakalk) bestand, die nach einem vorangegangenen Brand (um 1525) in roher Weise ergänzt worden waren.[67] Diese Bauweise gilt als besonders unsicher und erklärt vielleicht die im Vergleich zu anderen Kirchen der Umgebung beträchtlichen Schäden. Zeitgenössische Berichte sprechen nun davon, daß der Turm der Michaelerkirche bis zur Uhr abgeworfen wurde: "Die Turmspitze bei St.Michael stürzte gleichsam in sich hinein."[68] Dadurch wird erklärlich, daß Zufallschäden durch Herabfallen des Turmes am Dach des Langhauses und an benachbarten Häusern entstanden: "Und nachdem durch diß jars laider gehabte erdtbidem das khirchen dach und thurn also zerschütt, das es die grosse nottdurfft solches abzutragen erfordert hat..."[69] Die gleiche Quelle meldet, daß ein Maurer für Arbeiten am Dach mit der verhältnismäßig großen Summe von 23 fl 3 22 d bzw. 47 fl 1 6 d bezahlt wurde[70]. Danach folgten Ankäufe größerer Mengen an Holz "zu pülz und spreizung des thuern und khirchentachs"[71]. Man darf also annehmen, daß der herabfallende Turm einen Teil des Kirchendaches zerstörte.

---

[67] Kieslinger, Michaelerkirche, 419

[68] "Culmen turris ad S.Michaelem in ipsam turrim quasi demersum est." Rom, Bibliotheca Vaticana, MS Regin.lat. 613, Itinerarium Ladislai, fol 7 r

[69] Archiv der Kirche St.Michael, Kammeramtsrechnungen St.Michael für 1590 fol.90

[70] Archiv der Kirche St.Michael, Kammeramtsrechnungen fol.92v

[71] Archiv der Kirche St.Michael, Kammeramtsrechnungen fol.90v

Aus der Tatsache, daß der neu errichtete Giebel der Westfassade im Gegensatz zum Unterbau aus Ziegeln besteht, folgert Kieslinger, daß auch er durch das Beben einstürzte. Seiner Ansicht nach stehen auch die - lange bestandenen - gewaltigen Sprünge in der Westmauer nahe der Wendeltreppe in Zusammenhang mit den Bebenfolgen des damals stehengebliebenen Turmschaftes. Fallende Teile des Turmes haben mindestens eines der benachbarten Geschäfte beschädigt[72]. Weitere bezahlte Rechnungen weisen als Leistungen den Wiederaufbau von Pfarrhof und Schule aus.

Man kann zusammenfassend feststellen, daß die Michaelerkirche wegen der verhältnismäßig schlechten Bausubstanz (Bruchsteinmauerwerk mit schlecht reparierten Brandschäden) in erhöhtem Maße bebengefährdet war. Beim Absturz des oberen Teiles des Turmes wurden das Kirchendach schwer beschädigt, wahrscheinlich auch benachbarte Häuser. Baugeschichtliche Indizien machen es wahrscheinlich, daß auch der Dreiecksgiebel der Westmauer herausfiel. Dieses Indiz läßt sich nicht zusätzlich begründen, weil die Westmauer auf den Michaelerplatz hinweist, d.h. die herabfallende Giebelmauer braucht keine Zufallschäden hervorgerufen zu haben.

Die Tragödie des Gasthauses "Zur Goldenen Sonne" in der Rotenturmstraße

In der heutigen Rotenturmstraße, etwa 50m südlich der einstigen Roten Pforte, befand sich die Herberge "Zur goldenen Sonne"[73]. Über den Bauzustand des Hauses und des dazugehörigen Pferdestalles kann heute nichts mehr festgestellt werden. Jedoch zeigt ein Lageplan der Stadt Wien aus dem Jahre 1566 ("Camesina-Plan"), daß das Gebäude mit nur zwei Stockwerken verhältnismäßig niedrig und damit von der Höhe her

---

72 Archiv der Kirche St. Michael, Kammeramtsrechnungen fol.71

73 siehe Abbildung 4

keineswegs besonders bebengefährdet war. Eine Quelle[74] gibt an, daß zu der Herberge auch ein Turm gehörte, der durch die Bebenerschütterungen umstürzte und offenbar viele Zerstörungen verursachte. "Bei der Goldenen Sonne, in der Nähe der roten Pforte, stürzte ein Turm ein und erdrückte neun Menschen." Der Diener eines Gastes des Hauses warf sich, als er den Turm des Hauses sich neigen sah und abschätzte, daß er wohl einstürzen würde, nachdem er sich aus dem Bett gewälzt hatte, aus dem Fenster und rettete so sein Leben aus der Gefahr.

Die übrigen, zum Teil sehr dramatischen Beschreibungen[75] erzählen die Rettung des Dieners auch noch in anderer Form[76]. Die Wirtin, ihre Tochter, zwei Mägde und fünf Kaufleute sowie drei Pferde wurden durch fallende Trümmer getötet.

Für die Beurteilung der Bebenstärke wäre es wichtig zu wissen, ob es wirklich einen Turm gegeben hat, der durch die Erschütterung einstürzte, denn in diesem Falle wäre die Vernichtung des Hauses zum Teil als Zufallsschaden zu interpretieren, was einer Intensität VII-VIII Grad SIS entspräche. Wenn dies aber nicht der Fall war, könnte der Einsturz des nur zweistöckigen Hauses bei einer höheren Bebenintensität erfolgt sein, die bei Unkenntnis der Bausubstanz schwer abzuschätzen ist, aber sicher mindestens VIII Grad SIS betragen haben muß.

---

[74] "Ad signum aurei solis prope rubram turris aedium corruens nouem homines, secure ut ajunt potantes in multaque noctem choreas duartes oppressit." Rom, Bibliotheca Vaticana, MS Regin.lat.613, Itinerarium Ladislai, fol. 7 r

[75] Plenciz, De terrae motu Unglücks-Chronika vieler grausamer und erschrecklicher Erdbeben, 130 Wien, ÖNB Cod.8963, fol.668r

[76] "...der haußknecht (wellicher allein in einem thürmb oder ercker gelegen und mit ime umbgefallen) ist unverruckt in seinem bett bliben und kain laid geschehen." Wien, ÖNB Cod. 8963, fol.668r

Die Schäden an der Schottenkirche

Einige Quellen[77] berichten mehr oder weniger genau, aber im Prinzip übereinstimmend, daß ein Turm der Schottenkirche eingestürzt sei. Er durchschlug das Kirchendach und Gewölbe und die Trümmer zerstörten den Altar und etliche Statuen in der Kirche. Es handelt sich hier um Zufallsschäden. Die Chronik des Schottenstiftes reicht leider nicht bis ins 16.Jahrhundert zurück und meldet nur: "im Kloster Schotten etwelche Gebäude und der Thurm bey St.Michael eingeworfen."[78] Man kann diesen Schaden nur ungenau der Bebenintensität VII-VIII Grad SIS zuordnen.

Kritik der Quellen über Schäden an der Jesuitenkirche

Eine Quelle im Wiener Archiv der Jesuiten[79] berichtet, daß die Gläubigen, durch das Bebens zutiefst erschreckt, mit noch größerer Ehrfurcht die Sakramente empfingen und daß auch solche Leute zur Beichte kamen, die dies vorher noch nie getan hatten. Mit keinem Wort wird erwähnt, daß durch das Erdbeben mindestens ein Turm der Jesuitenkirche schwer beschädigt, also ein weithin sichtbarer gewaltiger Schaden entstanden war. Diese offensichtliche Unterdrückung einer Nachricht in einem für die Nachwelt bestimmten Dokument gibt zu denken. Der

---

[77] Rom, Bibliotheca Vaticana, MS Regin.lat.613, Itinerarium Ladislai, fol 7 r /Rasch, Erdbebenchronik /Neubeck, Caspar: Zwo Catholische Predigen. Gehalten zu Wienn in Österreich/ in offentlichen versamblungen zum gemeinen Gebett/ wider die Schröckliche Erdtbidem/ so sich Anno 1590 den 15.September/ vnd nachmals vilfertig erzeigt haben (Wien 1591) /Wien, ÖNB Cod.8963, fol.654v, fol.670r

[78] Wien, Chronik des Stiftes Schotten, Collectio historico Monastica, tom.9 (1558-1607) fol.395

[79] Jesuitenchronik, Wien Archiv der Jesuiten, Litterea Annuae Provinciae Austriae Tomus I 1589-1599, fol.68

schwere Gebäudeschaden mag aus Zuständigkeitsgründen in einem anderen Dokument des Archivs genannt sein, und dieses Dokument könnte entweder verlorengegangen sein oder wir haben es nicht gefunden. Denkbar wäre es, daß der Chronist - vielleicht kein Zeitgenosse des Bebens - eine Wichtung der Information nach der eigenen Optik vorgenommen hat, die das geistliche Amt betont. Man muß auch in Betracht ziehen, daß gerade die Geistlichkeit jener Zeit durch ein schweres Erdbeben in ihrem Selbstverständnis verunsichert werden mußte: Daß es vor allem die Kirchen - insbesondere die eigene - wären, welche die schwersten Zerstörungen zu erleiden hatten, könnte die unbequeme Deutung zulassen, daß der Zorn Gottes und seine gerechte Strafe sich vor allem gegen die Kirche als Organisation gerichtet haben könnte. Daß Kirchen wegen ihrer hohen Türme besonders bebengefährdet sind, war für den frühneuzeitlichen Chronisten keineswegs selbstverständlich, weil das eine naturwissenschaftliche Deutung voraussetzte – eine damals als gefährlich angesehene Denkungsart. Man muß ja bedenken, daß in dieser Zeit Galileo Galilei lebte und seine neue vieldiskutierte Lehre noch nicht widerrufen hatte. Giordano Bruno hielt sich als Emigrant in England auf, wohin er vor der Inquisition geflüchtet war. Vor diesem geistigen Hintergrund könnte man sich gut vorstellen, daß der Chronist geneigt war, bewußt oder unbewußt die Überlieferung dieser Schäden zu unterdrücken. Aus diesem Grunde ist die Quelle der Gattung D zuzuordnen.

Schlußfolgerungen für die Intensität in Wien

Nachforschungen bei den übrigen als beschädigt gemeldeten Kirchen Wiens ergaben keine neuen Ergebnisse. Ein Grund dafür ist, daß entweder die Archive nicht bis in das Jahr 1590 zurückreichen, oder aber, daß die einschlägigen Dokumente später verlorengegangen sind.

Von der Peterskirche waren keine Belege zu bekommen, da offenbar viele Dokumente im Zuge des Neubaues der Kirche in den Jahren 1702-15 verloren gegangen sind. Die Dokumente, welche die Kirche Maria am Gestade ("Unser Frauen-Kirche") betreffen, sind ebenfalls nicht aufzufinden. Wir haben deshalb auf weitere Recherchen verzichtet, weil einerseits die schon gefundenen Unterlagen eine ziemlich klare Vorstellung der Bebenintensität Wiens ermöglichen und außerdem keine wesentlich anderen Schadensklassen als die oben erwähnten zu erwarten gewesen wären. Es sei auch auf die in Anlage B zusammengestellten zeitgenössischen Berichte über die Wirkungen des Bebens in Wien verwiesen, die durch zahlreiche Details einen Gesamteindruck von jenen Schäden vermitteln, die nicht einzeln beschrieben wurden. Abbildung 4 zeigt in einem Plan die Lage der 8 schwer beschädigten und der 10 unerwähnt geblieben Kirchen Wiens. Wenn 7 von 17 Kirchen schwere Schäden am Turm davon trugen, also ca. 41% so entspräche dies der Schadenskategorie 3-4 "bei mehreren Gebäuden der Bauklasse A". Hierbei muß beachtet werden, daß Kirchen ihrer Höhe wegen besonders gefährdet sind. Dadurch begründen sie unsere Schlußfolgerung, daß die Intensität der Beben in Wien den Grad VIII SIS erreicht hat.

Das Gebiet zwischen Tullnerfeld und südlichem Wienerwald

Das Erdbeben verheerte im nördlichen Wiener Wald, vor allem aber im Tullner Feld zahlreiche Schlösser und Ortschaften und richtete an der Kartause zu Mauerbach schwere Schäden an[80]. Aus einer zeitgenössischen Schrift geht hervor, daß 28 Schlösser um Wien und die Donau hinauf eingestürzt sein sollen[81].

---

[80] Brenner: Historia cartusiae Mauerbacenses, 365

[81] Wien, ÖNB Cod. 8963, fol.670 r

Quellen über die Auswirkungen des Bebens

Eine organisierte Erhebung über den vollen Umfang der angerichteten Schäden und die Zahl der Toten und Verletzten ist nicht auffindbar. Wahrscheinlich hat es eine solche nicht gegeben. Das einzige Dokument, das annähernd den Charakter einer Erhebung hat, stammt aus dem Renthof in Königstetten[82], der die rechtliche Verwaltung der Besitzungen des Bischofs zu Passau vornahm. Diese umfaßten die Ortschaften des Tullner Feldes mit Ausnahme von Tulln. Das Dokument beschreibt ziemlich detailliert Zerstörungen an Kirchen, Pfarrhöfen und teilweise auch an Privathäusern, nennt Todesfälle und besondere Ereignisse, wie z.B. die Entstehung einer Schlammquelle bei Sieghartskirchen während des Bebens. Es handelt sich um Berichte aus folgenden Orten: Königstetten, Tulbing, Langenlebarn, Sieghardtskirchen, Langenrohr, Zwentendorf, Rust, Michelshausen, Mauerbach, Abstetten, Pixendorf, Tulln, Baumgarten, Freundorf, Dietersdorf, Atzelsdorf und Judenau. Diese Liste ist in Bezug auf den Passauischen Besitz unvollständig. Wir wissen durch die Predigt von Neubeck[83], daß auch Diesendorf und Dotzenbach schwer unter dem Beben gelitten hat. Andererseits nennt sie Schäden in Tulln, welches gar nicht zu Passau gehörte. Dann fällt auch auf, daß die Ausführlichkeit der Berichte mit der geographischen Entfernung der geschädigten Ortschaft von Königstetten abnimmt. Offensichtlich hat der Schreiber eine persönliche Gewichtung vollzogen, bei der neben der lokalen auch noch andere Gesichtspunkte eine Rolle gespielt haben mögen, die wir nicht kennen. Die gemachten Angaben der Liste dürften aber korrekt sein, da sie ein amtliches Dokument darstellt. Wir rechnen sie zur Quellengattung A.

Außerdem stehen uns, wie schon erwähnt, die gedruckten Predigttexte von Caspar Neubeck, Wien(83) und Johannes He-

---

[82] NÖLA, Ständische Akten, Archiv des Rentamtes Königstetten, Karton 1(Akt vom 26.11.1590)

[83] Neubeck, Zwo Catholische Predigen

dericus, Helmstedt(34) zur Verfügung, die zur Quellengattung D gehören. Aus diesen geht hervor, daß Galbern (Gollern ?), Pfaffenstedt, Tiefendorf (Diesendorf ?) und Sitzenberg schwere Schäden erlitten. Ebenfalls zur Quellengattung D zählen die Bittschriften der Herrn Prösing, Gerhab, Geyer und Edt[84] um Steuererleichterung. Sie nennen die Ortschaften Rappoltenkirchen und Thurn und beziehen sich indirekt auf Dietersdorf.

Es existieren eine Vielzahl von Pfarr- und Stadtchroniken, und Mitteilungsblätter der Diözesen (Konsistorial-Kurrenden). Es handelt sich um Quellen von sehr unterschiedlichem, teils kirchengeschichtlichem Schwerpunkt, die wir den Quellengattungen D oder E zugeordnet haben (Biak[85], Geiblinger[86], Schöfbeck[87], Weigelsperger[88] und viele andere).

Beschreibung der Bebenwirkungen

Nach diesen Unterlagen ergibt sich folgendes Bild: Die schwersten Zerstörungen scheinen in den Ortschaften am südlichen Rand des Tullner Feldes aufgetreten zu sein, wobei eine Anhäufung von Meldungen etwa in das eng besiedelte Gebiet zwischen Judenau und Sieghardtskirchen fällt.

In Abstetten wurden Kirche und Pfarrhof zerstört. Nur einem reinen Zufall ist es zu danken, daß der Pfarrer Christof Vilanus mit den Kaplanen unverletzt blieb. In dem nahegelegenen Sieghardtskirchen stürzte der Kirchtum ein und beschädigte die

---

[84] NÖLA, Ständische Akten Fasc. G-2-1, fol.216 r,v; 218 r,v; 219 r,v

[85] Biack Otto und Anton Kerschbaumer: Geschichte der Stadt Tulln (Tulln 1966)

[86] Geiblinger, Geschichte der Pfarrgemeinde

[87] Schöfbeck, Leopold: Chronik der Marktgemeinde Königstetten (Königstetten 1983)

[88] Geschichtliche Beilagen zu den Diözesan Currenden der Diözese St.Pölten, 1.Bd. (St.Pölten 1878) 3-25

Kirche schwer. Der Pfarrhof fiel teilweise ein. 3 Häuser brachen zusammen, wobei in einem Falle 12 Personen verschüttet, 5 von ihnen dabei getötet wurden. Dann wird von einer Quelle (Brunnen?) berichtet, in der das Wasser ellenhoch aufsprang, nach Salpeter schmeckte und feinen Sand mit sich führte. Die Schlösser der Herren Gerhab zu Dietersdorf, Prösing zu Rappoltenkirchen, Kuenacher zu Atzelsdorf, Rauber zu Pixendorf und Reickhers zu Thurn sowie das baufällige Tulbinger Schloß wurden zerstört.

Die genauesten, wenn auch vermutlich unvollständigen Berichte der Quelle[89] stammen aus Königstetten: Den Einsturz des Gewölbes des Langhauses der Pfarrkirche müssen wir als Primärschäden deuten, weil damals diese noch keinen Turm besaß - genaugenommen befand sich ein neuer Turm gerade im Stadium des Neubaues, er hielt im wesentlichen dem Erdbeben stand. Erst 1619 bescheinigte der Tullner Maurer Anthoni Vita den Empfang von 324 fl 20 ch für die Wiederherstellung des Kirchenschiffes.[90] Am Renthof wurden die Rauchfänge und viele Ziegel des Daches abgeworfen. Es traten große Risse in den Mauern und Gewölben auf, jedoch kam es zu keinem Einsturz (der Renthof war der Amtssitz des Berichterstattenden). Baufällig wurde das neben dem Renthof befindliche freistehende Haus des Rentgegenschreibers, sodaß dieser mit Frau und Kind im Garten des Nachbarn übernachten mußte. Das dem Renthof gegenüberliegende Gebäude des Jörgerschen Richters stürzte teilweise ein. Eine Tragödie ereignete sich beim Einsturz eines Gewölbes im Hause, in dem ein Schmied mit seiner Frau und 4 Kindern lebte. Bei dem Einsturz wurden 2 der Kinder sofort erschlagen. Die Mutter warf sich über das Jüngste, das sie bei sich im Bett hatte, um es vor dem herabfallenden Schutt zu schützen. Auf ihr Hilferufen hin konnte man die Verschütteten bis auf die 2 Kinder retten. Fast alle Häuser des

---

89 NÖLA, Ständische Akten, Königstetten, Karton 1 (Akt vom 26.11.1590)

90 NÖLA Ständische Akten, Königstetten, Karton 2 (Akt vom 20.3.1611)

Marktes erlitten schwere Schäden, und zwar "...ihe höher und besser die heuser von maurberch erbaut ihe mer schaden ist beschehen...". Das ist für die damalige Zeit eine erstaunliche, aber völlig korrekte Beobachtung. Sie ist auf das Einschwingverhalten höherer Gebäude zurückzuführen.

Auch das nur 3 Kilometer hiervon entfernte Tulbing wurde schwer betroffen. An der St.Moritz-Pfarrkirche trennten sich Dach und Glockenfenster von dem Steinbau (seitliche Verschiebung?), wobei sich zahlreiche direkt unter dem Dach befindliche Steine ablösten. Eine Giebelfront der Kirche fiel heraus. Die Kirchhofsmauer bekam durch das Erdbeben große Riße. Das Glockengestell "wich auseinander", daß man es mit Seilen zusammenhalten mußte. Zwei Gewölbe der Kirche stürzten ein, die beiden anderen drohten einzufallen. Das Schulhaus samt seiner Küche wurde zerstört. Am Pfarrhaus stürzte eine Giebelfront gemeinsam mit einer Hausecke und einem Rauchfang ein. Es entstanden auch viele starke Risse am Gebäude. An der "Unser-Lieben-Frauen-Kapelle" fielen Mauerteile aus dem Türmchen heraus und durchschlugen das Dach und die Zwischendecke (Poden?) des Gebäudes. Fenster fielen heraus und die Mauern wurden beschädigt. Durch den Einsturz einer Mauer des alten Schlosseswurde das alte baufällige kleine Maierhaus dem Erdboden gleichgemacht. Fast alle Häuser erlitten an den Feuerstellen und Gewölben merklichen großen Schaden. In Michelshausen stürzte der halbe Kirchturm ein und zerschmetterte das Gebäude. Die Kirche zu Langenrohr stürzte erst um 7 Uhr in der Früh nach dem Beben ein - vermutlich durch ein Nachbeben. Auch viele Häuser erlitten Schäden. Eine eigenartige Schadensform wurde an der Kirche zu Rust beobachtet. Hiernach hatten sich die Einfassungsmauern seitlich nach außen bewegt, sodaß die Gewölbe meistenteils einstürzten. Außerdem entstand großer Sachschaden an Wohnhäusern. In Zwentendorf wurde die Kirche derartig "zerschmettert und zerlittert", daß sie nicht mehr betreten werden durfte. Der "khranz" (wohl eine Art umlaufende Galerie) fiel vom Turm herab, wodurch der Pfarrhof schwere Schäden erlitt. Der Kirchturm zu Michelshausen wurde zur Hälfte "abgeworfen". In

Mauerbach stürzten Gewölbe in Kirche und Kloster ein. Sehr genau sagen die Meldungen aus Langenlebarn, daß der aus guten Steinen erbaute Kirchturm zur Hälfte einstürzte und das Dach und die Gewölbe durchschlug. Das Kirchengebäude zerriß an vielen Stellen. Zerspalten, aber ohne einzustürzen überstand die Kirche in Baumgarten das Beben. Jedoch schlug ein aus dem Kirchturm zu Freundorf herausgebrochener Stein der Frau des Schulmeisters den Fuß ab. Nicht eindeutig sind die Nachrichten aus Judenau. Während der Fuggerbrief (81) die Zerstörung des Schlosses des Oberst-Erbhofmeisters Helmhard Jörger berichtet, enthalten die Aufzeichnungen aus dem Renthof in Königstetten[91] den Text "Das neu(erpaute) schenerpaute schloß herrn Helbharten Jergern freiherrn geherig aintzigen weis von dem erdpiden sunderlich heut etlichs gar in die erdt gevallen..." Dagegen soll die -schon durch die Türkenkriege beschädigte- St. Wolfgangs- Kapelle völlig dem Erdboden gleichgemacht worden sein.

Mehrere Zeugnisse berichten unabhängig über Gebäudeschäden in Tulln. Die Wirkungen des Bebens waren hier nicht so verheerend wie in den umliegenden Orten. Spezielle Berichte liegen über das Frauenkloster vor, dessen Gewölbe zerrissen, Mauern teilweise einfielen und der Turm halb einstürzte. Wegen der Gefahr mußten die Äbtissin und die Nonnen in den Maierhof umziehen. Der eine Turm der Pfarrkirche stürzte samt den Zimmern des Türmers ein, der sich aber noch rechtzeitig in Sicherheit bringen konnte. Der zweite Turm jedoch bekam viele Risse, sodaß man seinen Einsturz bei den Nachbeben befürchtete. In der Folge senkte sich die Nordwand der Kirche derartig, daß man sie als baufällig bezeichnete. Eine Anzahl von Bürgerhäusern wurden ebenfalls beschädigt und die Stadtmauer wurde auf eine Länge von vielen Klaftern niedergelegt. Der heute noch stehende Stadtturm wurde derartig erschüttert, daß er "von oben herab biß zu dem ende ganz und gar zerkhloben und mit höchster gefahr ain stueckh (Kanone) dar-

[91] NÖLA, Ständische Akten, Königstetten, Karton 1 (Akt vom 26.11.1590)

auf abzuschießen...".[92] (Die Zeughaus-Akte dokumentiert nicht die Ursache des Schadens, jedoch ist es sehr wahrscheinlich, daß dieser durch das Erdbeben entstanden ist.) Die Schäden wurden zwar repariert, nachdem sich die Spalten nach 1625 infolge eines Blitzschlages noch vergrößert hatten. Jedoch half diese Reparatur wenig, denn die Risse traten immer wieder auf und vergrößerten sich durch Bombeneinwirkung 1944 erneut. Heute kann man noch diesen Schaden, der ursprünglich durch das Beben entstand, besichtigen (Abbildung 5). Natürlich sagt das Ausmaß des heute vorhandenen Schadens nichts mehr über die Stärke der Bebenerschütterung 1590 aus. Hier wie auch an der Stadtkirche dürften nachträgliche Setzungen des Bodens die Risse noch vergrößert haben.

Einfluß der Untergrundbeschaffenheit auf die Bebenintensität

Erstaunlich weitab von diesem Schadensgebiet, und zwar in der im südlichen Wiener Becken gelegenen Ortschaft Traiskirchen stürzten 30 Häuser ein und erschlugen mehrere Menschen.[93] Damit ergaben sich offenbar - Wien eingerechnet - drei teilweise deutlich durch den Wiener Wald voneinander getrennte Schadensgebiete. Diese eigenartige geographische Verteilung fiel schon E.Suess auf. Er deutete die Möglichkeit an, daß es mehrere Beben mit verschiedenen Epizentren, aber annähernd gleicher Herdzeit gegeben hat. Das würde hier bedeuten, daß ein Epizentrum bei Traiskirchen/Ebreichsdorf, ein weiteres aber im Tullner Feld gelegen haben müßte. Abbildung 6 veranschaulicht die Situation. Wenn auch die Quellen ungenau sind, so gibt es doch einen Weg, wenigstens für einige der Ortschaften die Bebenintensität abzuschätzen. So geben die Bereitbücher

---

[92] Stadtarchiv Tulln, Zeughaus - Inventar Nr.A-235 Gruppe Politica, Verwaltungsakten 251-299 Nr.237 vom 3.Okt.1618

[93] Pfarrchronik von Guntramsdorf

von 1590[94] Auskunft über die Zahl der Häuser in den Ortschaften (siehe Übersichtskarte Abbildung 7). Traiskirchen bestand demnach damals aus 112 Häusern. Wenn 30 davon einstürzten und wir davon ausgehen dürfen, daß es sich um ländliche, schlecht gebaute Häuser der Bauklasse A im Sinne der Klassifikationsmerkmale der SIS-Skala gehandelt hat, so wäre der Schluß gerechtfertigt, daß mehrere Gebäude der Bauklasse A völlig einstürzten. Dieses Kennzeichen entspricht aber der Intensität VIII-IX Grad SIS.

Der Pfarrer des Marktes Loosdorf Balthasar Masco[95] schreibt am 28. Dezember 1590 in seinem Speculum terrae motus, daß in Sitzkirchen (Sieghardtskirchen?) 50 Häuser und die Kirche, in Galbersdorf (Gollern?) 22 Häuser und in Leubersdorf 24 Häuser "eingeworffen" seien. Obwohl diese Nachricht formal zur Quellengattung B gehört, verwenden wir die Zahlenangaben der zerstörten Häuser nicht als Grundlage einer Intensitätsbestimmung, weil wir für diese Ortschaften genauere Quellen (NÖLA, Ständische Akten, Archiv des Rentamtes Königstetten) haben.

In Abbildung 6 sind die auf Grund solcher Abschätzungen gewonnenen Intensitäten bezeichnet. Die Legende soll einen Eindruck von der Sicherheit der Information durch Mitberücksichtigung der Quellengattung geben. Man erkennt sofort, daß Intensitätsangaben auf Grund von einigermaßen zuverlässigen und genauen Unterlagen für 18 Orte, nämlich für Michelshausen und Zwentendorf VII-VIII, Tulln, Tulbing. Langenlebarn, Baumgarten, Freundorf, Hernals, Rust, Dietersdorf, Rappoltenkirchen, Judenau und Wien VIII, Mauerbach, Königstetten, Abstetten, Atzelsdorf und Traiskirchen VIII-IX gemacht werden konnten.

---

94 Hansen, Ludwig: Das Viertel ober dem Wienerwald im Spiegel des Bereitbuches von 1591 (Diss.Wien 1974) /Mader, Helmut: Das Viertel unter dem Wienerwald im Spiegel des Bereitbuches von 1590/91 (Diss.Wien 1970)

95 Masco, Balthasar: Speculum terrae motus, Das ist Erdbidems Spiegel. (o.O. 1591)

Die übrigen bezeichneten Ortschaften sind entweder nicht in zeitgenössischen Quellen, sondern nur in der Sekundärliteratur zu finden, oder ihre Schadensangaben sind zu ungenau um nach SIS klassifiziert zu werden. Wenn auch im einzelnen keine Klassifikation möglich war, so zeigt doch die Häufung der beschädigten Ortschaften im Raum südlich von Tulln, daß im Mittel die Intensität wohl mindestens bei VIII Grad SIS, wenn nicht gar IX Grad SIS gelegen haben muß.

Masco und später Hoff[96] nennen auch noch die Ortsnamen Galbersdorf bzw. Galberndorf, die weder heute im Tullner Feld existierten noch in historischen Darstellungen gefunden werden konnten, obgleich wir intensiv danach gesucht haben. Wahrscheinlich handelt es sich um Schreibfehler bzw. übernommene Schreibfehler.

Eine Bemerkung verdient noch die Ortschaft Neulengbach, welche dem Beben seinen Namen als "Neulengbacher Beben" gegeben hat. Tatsächlich nennen sie nur Sieberg (22), Kárník et al[97] und später andere, allerdings zur Bezeichnung des Epizentrums. Die Zitate sind also nicht als Wahrnehmungsmeldung zu verstehen. Zeitgenössische Quellen über etwaige Zerstörungen haben wir bis heute nicht finden können, was erstaunlich ist. Neulengbach liegt ja mitten im Schadensgebiet. Möglicherweise waren die Schäden am Schloß Neulengbach zu unbedeutend um überliefert zu werden. Das Schloß ist auf einem Härtling (Buchberg -Konglomerat) erbaut und deswegen verhältnismäßig erdbebensicher.
Tabelle 1 enthält auch eine Bezeichnung der seismischen Gefährlichkeit der geologischen Untergründe in vier Kategorien. Die Unterlagen stammen aus der Geologischen Karte Österreichs 1:50.000 Blatt Krems und 1:200.000 Wien, die dem

---

[96] v.Hoff K.E.A.: Chronik der Erdbeben und Vulkanausbrüche, Teil 1 (Gotha 1840)

[97] Kárník V., Michal E. und A.Molnár: Erdbebenkatalog der Tschechoslowakei in: Trav.Inst.Geophys.Acad.Tschechosl.Sc.No.69 (1957) 411-598

Stand der neuesten Forschung 1982 entspricht. Es ist zu bemerken, daß die heutigen Auwälder der Donau und vermutlich auch die umgebenden Moorgebiete um 1590, als die Donau noch nicht begradigt war, zu ihrem regelmäßigen Überschwemmungsgebiet gehörten. Ca.3 km südlich von Tulln befindet sich ein in Ost-Westrichtung 20 km langgestrecktes Moor, vermutlich das Relikt eines Altarmes der Donau. Die durch das Beben schwer geschädigten Ortschaften Michelhausen (3), Atzelsdorf (4), Pixendorf (5), Judenau (6), Baumgarten (7), Katzelsdorf (8), Tulbing (9) und Königstetten (10), liegen am Südrande dieses Moores, teilweise auch direkt im Moorgebiet. Sie sind in höchstem Maße durch mögliche Resonanzeffekte und Bodenverflüssigung bebengefährdet. Die Ortschaften Tulln (1), Langenlebarn (2) und Wien (20) befinden sich ganz oder teilweise im Überschwemmungsgebiet der Donau. Die Schotter- und Sandböden dieses Gebietes sind vermutlich zur Zeit des Bebens stark durchfeuchtet, wenn nicht wassergesättigt gewesen. Auch sie wirkten intensitätsvergrößernd.

Starke Schäden wurden auch aus den Ortschaften Diesendorf (12), Abstetten (13), Sieghartskirchen (14), Rappoltenkirchen (15), Mauerbach (16) und Hernals (19) gemeldet. Die Bebensicherheit dieses Untergrundes (mächtige Schotter, Löß unbekannter Mächtigkeit) ist heute nicht sicher anzugeben, weil man die Durchfeuchtung nicht kennt, die der Boden zur Zeit des Bebens gehabt hat. Im trockenen Zustand gilt Löß als sicherer Untergrund, doch neigt er, je feuchter er wird, umso mehr zur Bodenverflüssigung, die schwere Gebäudeschäden verursacht.

Wir vermuten aus zwei Gründen, daß die Durchfeuchtung des Bodens stark war: Erstens muß - wie oben erwähnt - der Grundwasserstand vor der Begradigung der Donau auf Grund des Gesetzes der kommunizierenden Röhren höher gelegen haben als heute. Zweitens berichtet Wolfgang Lindner[98], daß es nach einer länger andauernden Trockenperiode tagelang anhaltend regnete, sodaß die Flüsse über die Ufer traten. Daher ist anzunehmen, daß der Löß am Rande des Wiener Waldes zur

[98] vgl. Schiffmann: Annalen des Wolfgang Lindner

Zeit des Bebens stark durchfeuchtet war. Wenn auch diese Begleitumstände die Schadensfeststellung nicht berühren, so folgt doch daraus, daß eine geringere Bebenenergie als bisher angenommen nötig war, um die starken Schäden zu verursachen. Auf die von vielen Autoren[99] geschätzte Magnitude von Ms = 6.0 hat dieser Schluß jedoch keinen Einfluß, da, wie später erläutert werden soll, die Herdtiefe vermutlich größer war als bisher angenommen.

In diesem Zusammenhang ist auch das Ausmaß des Verlustes an Menschenleben eine wichtige wenn auch problematische Beurteilungsgrundlage. Nach den aufgefunden Unterlagen sind durch das Erdbeben in Wien neun und im Tullnerfeld sieben also insgesamt 16 Personen getötet worden. Hinzu kommt noch eine nichtfeststellbare Zahl von Getöteten in Traiskirchen. Dieser Blutzoll erscheint klein in Hinblick auf vergleichbare Erdbebenkatastrophen des 20.Jahrhunderts, zumal wenn man das sehr ausgedehnte Schadensgebiet in Betracht zieht. Wäre es denkbar, daß die Zerstörungen und damit auch die Magnitude in Wirklichkeit kleiner waren als wir annehmen? Liegt vielleicht eine systematische Fehldeutung der frühneuzeitlichen Begriffe vor, welche Gebäudezerstörungen beschreiben? Wir haben z.B. die häufig vorkommende Formulierung "das Gebäude ist eingegangen" als "das Gebäude wurde zerstört" interpretiert, und müssen uns ernstlich fragen, ob unsere Deutung dieser Worte vielleicht dramatischer ist als sie vom Schreiber gemeint waren. Unserer Ansicht nach ist das aber nicht der Fall. Wir glauben, daß unsere Deutung korrekt ist und zwar aus folgendem Grunde: Das schwere Beben am 16.September um 0 Uhr 15 hatte ja mindestens 2 starke Vorbeben in den vorherigen Abendstunden. Dadurch war die Bevölkerung gewarnt. Das Vorbeben um 18 Uhr war z.B. schon so heftig, daß der Pfarrhof in Abstetten so schwere beschädigt wurde wenn nicht gar

---

[99] Drimmel, Julius: Der geologische Aufbau Österreichs (Wien-New York 1980) /Toperczer, Max und Erich Trapp: Ein Beitrag zur Erdbebengeographie Österreichs nebst Erdbebenkatalog 1904-1948 und Chronik der Starkbeben, in: Mitteilungen der Erdbeben-Kommission N.F. 65 (Wien 1950)

teilweise einstürzte.[100] Vermutlich übernachteten viele Bewohner der Schadenszone im Freien und blieben deshalb von dem Hauptstoß um Mitternacht verschont.

Das Erdbeben im Tullner Feld – ein Spiegel frühneuzeitlichen Zeitgeistes

Auch die Nachrichten der Quellengattung D und E aus den Schadensgebieten Tullner Feld und Wien haben wir sorgfältig ausgewertet. Sie enthalten nur wenig seismologische Information. Durch Hinzunahme der betreffenden Primärquellen hofften wir wenigstens einiges über die von den Zeitgenossen für die Bautechnik gezogene Lehren zu erfahren. Das Ergebnis blieb aber hinter den Erwartungen zurück, was nicht verwunderlich ist, da ingenieurseismologische Fragestellungen den frühneuzeitlichen österreichischen Baumeistern völlig fremd waren. Hierin bestätigt sich wieder die Regel, daß unserer Chance, seismologische Aussagen aus historischen Erdbeben zu gewinnen eine natürliche Grenze durch den Bildungs- und Informationsstand, vor allem aber die persönliche Optik des Schreibers gegeben ist. Dennoch sind diese Quellen sehr aufschlußreich. Sie reflektieren in besonderer Weise die Einstellung der Menschen gegenüber einem so unerhörten und seltenen Ereignis eines Katastrophenbebens. Man darf ja nicht vergessen, daß eine derartige Katastrophe seit Menschengedenken in diesem Lande nicht vorgekommen war. Es existierten überhaupt keine Vorerfahrungen. Diesen Umstand muß man vor dem Hintergrund des geistigen und politischen Lebens sehen: 60 Jahre waren seit dem letzten Durchzug türkischer Streifscharen durch das Tullner Feld vergangen, und das Land hatte sich davon noch nicht erholt. Überall gab es noch Ruinen. Auf geistlichem Gebiet war die konfessionelle Auseinandersetzung im vollem Gange. Die Gegenreformation wurde insbesonders durch den Wiener

---

[100] NÖLA, Ständische Akten, Königstetten, Karton 1 (Akt vom 26.11.1590)

Probst und Administrator Melchior Khlesl, gefördert, und es war gelungen, den Protestantismus stark zurückzudrängen, Tulln hatte sich schon offiziell zum Katholizismus zurückbekannt. Doch auf dem Tullner Feld gab es noch etliche protestantische Grundherren, wie z.B. den Oberst-Erbhofmeister Helmhard Jörger in Judenau.

Eines der lebendigsten Zeugnisse ist durch den auf Zeitdokumenten beruhenden Bericht Franz Weigelsperger 1873(88) überliefert. Dieser Bericht ist wegen seiner Ausrichtung auf kirchliche Fragen der Quellengattung D zuzuordnen. Er zeichnet aber ein Bild von den komplexen Zusammenhängen der Zerstörung von Kirche und Pfarrhof zu Abstetten und ihres über 2 Jahre andauernden wechselhaften Wiederaufbaues. Er eröffnet einen besonderen Aspekt der Quellenkritik und soll daher unter Weglassung von Details kurz dargestellt werden:

Nach der Zerstörung der Kirche zu Abstetten wurden die Messen für längere Zeit im Freien, und zwar auf dem Friedhof abgehalten. Dieses hatte aber den Nachteil, daß sie bei Regenwetter ausfallen mußten. Der Tullner Dechant Wolfgang Molitor (Müller) benutzte diesen Umstand als Argument in seinem Brief an Melchior Khlesl am 26.August 1591 für einen beschleunigten Wiederaufbau der Abstettener Kirche. Die Dringlichkeit dieses Anliegen unterstrich er durch den Hinweis, daß die Pfarrkinder sonst einen Vorwand hätten, zu den sektierischen und lutherischen Orten zu laufen, z.B. nach Judenau, wo Helmhard Jörgers Kirchenbau so rasche Fortschritte mache. Tatsächlich war der protestantische Jörger nicht mit dem Wiederaufbau des St.Wolfgangkirchleins beschäftigt, sondern mit dem Neubau eines größeren Gotteshauses, der heute noch stehenden Dreifaltigkeitskirche. Diese wurde, wie wir heute wissen, 1591 soweit fertiggestellt, daß Gottesdienste abgehalten werden konnten. Der schon erwähnte Pfarrer der Gemeinde Abstetten, Christof Villanus zog nach der Zerstörung seines Pfarrhofes mit seinem ganzen Hausstand nach Tulln. Schon 3 Tage nach der Schreckensnacht mietete er das Haus in der Pfarrgasse, welches dem damaligen Tullner Stadtschreiber Öttinger gehörte. Um jedoch seine Pfarrgemeinde in Abstetten weiter zu versorgen, baute er dort ein Refugium in Gestalt eines kleinen Hauses. Dort starb er auch im März 1591 bevor der Wiederaufbau seiner Kirche in Gang kam. Der Baumeister Vinian aus Tulln erklärte sich bereit, Kirche und Pfarrhof für eine Summe von 900 Gulden neu zu bauen, falls diese Summe nicht reichen sollte, wurden ihm weitere Mittel zum Bau zugesichert.

Diese Angabe ist insofern interessant als sie uns eine, wenn auch grobe Kostenvorstellung für den Bau einer Dorfkirche und eines Pfarrhofes um 1590 gibt. Sehr zuverlässig ist sie aber nicht, denn die Bauleitung wurde Vinian später entzogen, weil die Arbeiten Anlaß zur Beanstandung gaben. Jedenfalls bekam er den Auftrag, für den Aufbau die teilweise noch stehenden Grundmauern der Kirche mitzuverwenden. Am 19.Juli 1591 berichtete Müller dem Bischof, daß der Chor notdürftig gedeckt nunmehr die Aufstellung eines Altares ermögliche. Der Wiederaufbau des Kirchenschiffes begann aber erst 1592. Nachbeben richteten neue Schäden, besonders während des Wiederaufbaues an. Dieses geht aus Berichten vom 18.2.1591 und 15.10.1592 hervor. Vinian empfahl deswegen, den Wiederaufbau für ein Jahr aufzuschieben, weil er "wegen der fortwährenden Beben keinen Bestand habe". Noch 1592 wurde der Neubau der Kirche eingeweiht.

Wahrscheinlich hat das Zusammentreffen zweier Umstände die hohe Informationsdichte über die Auswirkungen des Bebens auf die Pfarre Abstetten bewirkt. Einmal dürfte es ein für die Überlieferung günstiger Umstand gewesen sein, daß der obdachlos gewordene Pfarrer gerade bei dem Stadtschreiber Unterkunft fand. Es ist anzunehmen, daß dieser mehr als andere Tullner Bürger Erfahrung und Interesse an der historischen Dokumentation hatte, zumal wenn sie ihn teilweise selbst betraf. Weiters ist die Geschichte des Baues und Wiederaufbaues der Kirchen aus dem Spannungsfeld zwischen den Konfessionen zu verstehen. Der Wettbewerb zwischen der katholischen und evangelischen Konfession war noch im vollen Gange. Das Erdbeben – als Strafe Gottes – hatte die Kirchen zerstört. Es gab damit beiden Lagern die Basis für einen nach außen hin sichtbaren – auch konfessionell begründeten – Neubeginn. Die neuen

Kirchen wurden nachweislich größer und den zeitgemäßen Begriffen entsprechend auch schöner als die zerstörten aufgebaut (Vergleiche hierzu auch Abbildung 3).

Interessant sind auch die Bittschriften der Gutsherren Franz von Prösing, Ferdinand Geyer, Hainrich von Edt und Hans Gerhab an die Stände. Es ging in deren Anträgen vor allem um eine Steuerbefreiung auf 3 Jahre für ihre bebengeschädigten Untertanen. Die Bittschriften geben jedoch keine Einzelheiten über die Art der Bebenschäden an. Darum kann man eigentlich nicht von einer übertriebenen Darstellung, sondern eher von einem eindrucksvollen Appell an die Menschlichkeit sprechen (vgl. auch Kapitel tendenziöse Quellen).

Man gewinnt den Eindruck, daß dieses Ansuchen von den Verordneten der niederösterreichischen Landstände keineswegs als übertriebene und daher unbegründete Klage angesehen wurde, denn sie befaßten sich sehr gründlich damit. Es kam zu einer Verhandlung, deren Ergebnis uns überliefert ist: "... Nachdem aber ein solche bewilligung in der verordneten macht nicht gestanden und doch diß ein newer und unerhörter fall und zuestandt leider in diesem landt ist, so haben sie diß ir begehrn hiemit bey den löblichen ständten selbst fürbringen wöllen, bey derer hochuernunfftigen berathschlagung nunmehr stehen wirdt, ob sie mit ihnen mitleiden tragen und etwas bewilligen oder aber deliberirn wollen, waß gestalt sie verabschiden werden sollen."[101]

Heute würde man die Geschädigten durch Mittel eines Katastrophenfonds oder durch Spendenkampagnen der diversen Hilfsorganisationen finanziell unterstützen. Damals gab es von Seiten des Staates eine solche geregelte Hilfeleistung noch nicht. Darum war das "Amt" in dieser Situation, die zudem ein Novum darstellte, überfordert. Die Stände fühlten sich für die Beurteilung des Falles inkompetent und taten das, was ein Amt in solchen Fällen zu tun pflegt, sie bildeten einen Untersuchungsausschuß. Dieser Ausschuß beriet und empfahl schließlich das

---

[101] NÖLA, Ständische Akten Fasc. G-2-1, fol. 219 r,v

Ansuchen abzulehnen, aber die Bittsteller an die höchste damalige Instanz, den Kaiser, weiterzuverweisen. Interessant ist für uns der Grund für die Ablehnung. In keinem Satz wird ausgedrückt, daß der Ausschuß das Ansuchen für unbegründet oder die Darstellung der Not der Untertanen für übertrieben hält. Vielmehr spricht die Auffassung welche zu der Ablehnung führte, für sich: "Zun siebenzehenten tragen die herrn außschüß mit iren lieben mitgliedern und den armen underthanen, wellchen durch die erschröckhlichen entstandenen erdbiden schaden zuegefügt worden, zwar ein treulich christlich mitleiden, dieweilln aber die steur immediate zur granitz bezahlung gehörig, die zapfenmaß und andere gefäll zu anderen unumgänglichen außgaaben nothwendig und ohne das nicht erkleckhlich, ihr khayserliche majestät ihnen an den 60.000 fl. zweiffelsohne derentwegen auch nichts werden abziehen lassen, so sehen die herrn außschüß nicht, woher ein ehrsame landtschaft des begerten nachlaß wiederumben einkhommen solle mögen...“[102] Wir haben keine Hinweise darüber finden können, ob die Gutsherren der Empfehlung, bei Hofe um Hilfe anzusuchen, nachgekommen sind, geschweige denn, ob ihnen Hilfe gewährt worden ist. Man muß sich vor Augen halten, daß eine Rechtsanspruch auf Entschädigung der Erdbebenopfer nicht bestand. Im Gegensatz zu der abendländischen Rechtsauffassung des 20. Jahrhunderts entsprach eine solche Subvention daher eher einem Gnadenakt als der Erfüllung eines legitimen Anspruches.

Meldungen aus Orten mit größeren Distanzen vom Epizentrum

Aus 60 Ortschaften mit Epizentraldistanzen über 50 km liegen Bebenmeldungen vor. Diese sind in Anlage A zusammengestellt. Bei jeder werden die verschiedenen Quellen ausführlich

---

[102] NÖLA, Ständische Akten Fasc. G-2-1, fol. 219 r,v

zitiert, so daß der Leser die Möglichkeit erhält, eine eigene Entscheidung über die Quellengattung und die abgeschätzte Intensität zu treffen. Die Anlage enthält außerdem die Intensitätsabschätzung anderer Autoren, die teils das gleiche Quellenmaterial wie wir benutzt haben oder mit einer weniger vollständigen Basis arbeiten mußten.

Diskussion der Quellen und Richtigstellung von 2 Fehldeutungen

Eine wichtige Frage ist die nach der korrekten Zuordnung der Ortsnamen. An einem Beispiel soll die Arbeitsmethode demonstriert und gezeigt werden, wie man vorgehen muß um Fehler in der Interpretation von Ortsnamen zu vermeiden. E. Suess[103] schreibt: "...Mit besonderer Kraft langten die einzelnen Schläge zu Bruck a.d.Mur an, wie aus der eingehenden Fuggerschen Relation aus Bruck vom 19.September hervorgeht..." Der originale Text der genannten Stelle aus dem Fugger-Brief[104] (siehe Abbildung 8) lautet jedoch: "Auß Prugg in Österreich ob der Enns 19.September 1590". Dieses im Anhang B vollständig wiedergegebene Zitat ist sehr wertvoll, weil es eine detaillierte Beschreibung des Bebens enthält. Jedoch ist die örtliche Zuordnung durch Suess falsch. Das erwähnte Prugg ist sicher nicht mit dem heutigen Bruck an der Mur identisch. "Österreich ob der Enns" bedeutet vielmehr das heutige Oberösterreich.

Geht man das heutige Ortsregister Oberösterreichs durch, so wird man auf eine reiche Anzahl von "Brucks" stoßen, wenn sich der Ortsname im Laufe der Jahrhunderte natürlich auch gewandelt haben mag. Bei Durchsicht des Historischen Ortsnamen Lexikons des Landes Oberösterreich[105] findet man 7

---

103 Suess, Erdbeben Niederösterreichs

104 Wien, ÖNB Cod.8963, fol.656r

105 Schiffmann, Konrad: Historisches Ortsnamen-Lexikon des Landes Oberösterreich, 2 Bände (Linz 1935)

Ortschaften mit dem Namen "Bruck". Davon werden im 16. und 17.Jahrhundert nur BRUCK (1551, Bezirk Matighofen), PRUGG an der ASCHA (1617, Gemeinde Bruck-Wasen) und PRUCKH (1510, Bezirk Waizenkirchen) genannt. Sieht man sich nun die Karte "Beschreibung des Erzherzogthumb Oesterreich ober der Enns" von Augustin Hirschvogel aus dem Jahre 1583[105] an, so findet man 3 Ortschaften in denen der Name Bruck in irgendeiner, sprachlich abgewandelten Form enthalten ist (siehe Abbildung 9). Es handelt sich hiebei um FRANCKA-PRUCK, um VECKLAPRUCK und schließlich um PRUCKH an der ASCHACH. Dieses PRUCKH an der Aschach findet sich auch in der "Topographie Austriae Superioris Modernae" aus dem Jahre 1674[107] unter PRUGG an der Ascha wieder, welches dieselbe Schreibweise aufweist, wie das nämliche Prugg aus dem Fugger-Brief.

Diese Aussage kann natürlich wieder nur auf einer Vermutung basieren, auf Grund sorgfältiger Recherchen kann man aber den Kreis der Möglichkeiten enger ziehen und mit größter Wahrscheinlichkeit sagen, daß es sich um eines der ober erwähnten Brucks handeln muß. Da in der Karte dezidiert ein Vecklapruck und ein Franckspruck erwähnt wird, kommen diese beiden Orte höchstwahrscheinlich nicht in Betracht. Daß es sich nun bei Prugg an der Ascha um den gesuchten Ort handelt, kann als wahrscheinlich angesehen werden.

Wir haben die bisher publizierten Intensitäten bis auf sehr wenige Ausnahmen übernehmen können. Als Beispiel für eine Ausnahme sei die Bebenmeldung aus Lauban in der Lausitz angeführt. Sieberg schreibt in seinen Beiträgen zum Erdbebenkatalog Deutschlands[108]: "Zerstörendes Erdbeben zu Neulengbach in Niederösterreich... mit mehr als 20 Toten, verbreitete sich auch über Süd- und Mitteldeutschland ...Lauban V, Graf-

---

[105] Hirschvogel, Augustin: Beschreibung des Erzherzogthumb Oesterreich ober der Enns (o.O.1583)

[107] Vischer, Matthaeus: Topographia Austriae Superioris Modernae (o.O. 1674)

[108] Sieberg: Erdbebenkatalog Deutschlands

schaft Glatz V, Prag, Leitmeritz und die Tatra." Als Quellen für die Ortschaften Lauban und Glatz führt er einen seiner Ansicht nach anonymen Artikel aus der Erdbebenwarte an, deren Autor sich jedoch als Peter von Radics identifizieren läßt[109] (siehe auch Anlage A): "...In der Grafschaft Glatz erfolgten an diesem Tage zwei so heftige Stöße, daß sich angeblich die Menschen nicht aufrecht erhalten konnten, die Häuser wankten und geschlossene Türen aufsprangen. Der Laubaner Rathsturm wurde durch den ersten Stoß derart erschüttert, daß die Glocke um 5 Uhr nachmittags dreimal laut anschlug, und die Bürger mit dem Glauben, es sei plötzlich Feuer ausgebrochen, erschreckt zusammenliefen. Der zweite Stoß war schwächer, in der darauf folgenden Nacht aber, gegen 1 Uhr, trat eine neue heftige Erschütterung ein, durch die viele Leute aus dem Schlafe geweckt wurden und die Wohnhäuser sowie die Pfarrkirche in schwankende Bewegung gerieten. Nach Stunden schloß ein vierter Stoß, durch den von neuem die Gebäude der ganzen Stadt erschüttert wurden, das Erdbeben." Radics bezieht diese Nachricht aus der Schlesischen Zeitung vom 10.Jänner 1901, die ihr Zitat offensichtlich ohne einen Quellennachweis wörtlich wiedergibt. Unsere Nachforschungen haben aber erstens ergeben, daß dieses Zitat von dem Breslauer Chronisten Nikolaus Pol[110] stammt und zweitens, daß der vollständige Text wesentlich mehr wichtige Einzelheiten enthält als das letztlich von Sieberg verwendete Zitat. Pol sagt nämlich ziemlich detailliert etwas über Gebäudeschäden aus. Insbesondere schreibt er: "...Zum Lauban in Ober Lausitz um 5 Uhr nach Mittag ist der Rathsthurm dermaßen erschüttert worden, daß die Seigerglocke drei Schläge gethan, daß mans überlaut gehöret, und die Leute nicht anders vermeinet, denn es wäre Feuer vorhanden. Kurz hernach erschütterte sich abermals die ganze Stadt gemächlicher; folgende Nacht um 1 Uhr so heftig, daß viel Leute aus dem Schlaf erwachet, weil die Häuser, Kammern und Bette schreck-

---

[109] Radics: Historische Erdbeben in Schlesien

[110] Pol Nikolaus: Jahrbücher der Stadt Breslau, hg.von Johann Gustav Büsching und J.G. Kunisch, Zeitbücher der Schlesier, Band IV (Breslau 1823) 155

lich gezittert, und die Kirche dermaßen beweget worden, daß es alles gekracht, auch etliche Ziegel und Kalk vom Dache gefallen, daß man sich eines Einfalls besorget..." Dementsprechend muß man im Gegensatz zu Siebergs Abschätzung mit einer Intensität von mindestens V-VI Grad SIS rechnen.

Erklärungsversuche für die inhomogene Verteilung der Bebenmeldungen

Auf Grund der in Anlage A angegebenen Orte ergibt sich die in Abbildung 10 dargestellte geographische Verteilung der Fühlbarkeit des Bebens. Was zunächst auffällt, ist eine Ungleichförmigkeit der Datendichte und eine Asymmetrie in Bezug auf das Epizentrum. Es gibt bestimmte Gebiete mit sehr vielen Meldungen auf engem Raum und andere, in denen sich spärliche Meldungen auf ein sehr großes Gebiet verteilen. Man vergleiche hierzu die Datendichte im Entfernungsbereich 350-400 km in Böhmen/Thüringen mit Bayern. Dann fällt auf, daß im Osten der Schütterbereich nur bis Györ (220km), im Westen dagegen bis Nördlingen (420km) nachgewiesen werden kann. Was sind die Gründe dieser Ungleichförmigkeit? Ein Grund liegt vielleicht in der zeitbedingten Situation des politischen und geistigen Lebens. Schließlich muß es Persönlichkeiten geben, die Erscheinungen wie Erdbeben soviel Aufmerksamkeit widmen, daß sie diese schriftlich dokumentieren.

Es existiert zum Beispiel östlich von Prag eine Häufung von Bebenmeldungen. Hier lebte der utraquistische Priester Matěj Jahodka (1540-1604), welcher offensichtlich koordinierte Nachforschungen in seiner Heimat anstellte. Jahodka hat wahrscheinlich in Kolín das Beben persönlich miterlebt.

Das Wirtschaftsunternehmen der Fugger besaß Niederlassungen in vielen Städten Mitteleuropas - aber nicht in allen. Darum geben die äußerst wertvollen Quellen der Fuggerbriefe Auskunft nur über einige Städte und ihre nähere Umgebung. Hierdurch mag eventuell das eigenartige Ergebnis herrühren, daß das Beben punktuell an sehr wenigen Orten (Nürnberg, Prag) durch ausgezeichnete Quellen belegt ist. Doch diese wenigen Daten ergeben leider keine geographische "Gleichverteilung".

Die Tatsache, daß östlich von Györ keine Meldungen mehr vorliegen, könnte viele Ursachen haben. Einmal erstreckte sich die Westgrenze des Osmanischen Reiches um 1590 bis nach Westungarn (siehe Abbildung 10). Da sich das Habsburgerreich damals in fortwährenden kleineren und größeren kriegerischen Auseinandersetzungen mit diesem befand, ist anzunehmen, daß der Informationsfluß über die Grenze hin eher behindert war. Zweitens wissen wir von den ostalpinen Beben des 19. und 20.Jahrhunderts, daß ihre Schüttergebiete vor allem eine Ausdehnung senkrecht zum Streichen der Alpen und zwar nach Nord bis Nordwest haben. Drimmel et al[111] haben diese Einseitigkeit als Folge der Wellenleitereigenschaften des böhmischen Kristallins interpretiert, welches sich nach Süden abtauchend unter den Kalkalpen befindet. Sie zeigen an einem modellseismischen Experiment, daß für die angenommene keilförmige Struktur des Wellenleiters die seismische Energie der Oberflächenwellen in jenem Gebiet, wo das Grundgebirge zutage tritt, durchaus mit der Entfernung wieder ansteigen kann. Dieses Modell wäre zwar in der Lage, die hohen Intensitätswerte in Böhmen zu erklären, jedoch gäbe es auch noch andere Deutungsmöglichkeiten.

Schwer zu verstehen ist, daß zwischen der Donau und der Grenze zur Tschechoslowakei überhaupt keine Meldungen über das Beben aufgefunden werden konnten. Dies erstaunt umso mehr, als dieses Gebiet eng besiedelt war. Die einzige Nachricht aus Schöngrabern, die Predigt des Pfarrers Schweitzer[112], enthält zwar einige wissenschaftshistorisch interessante Aus-

---

[111] Drimmel, Julius, Gangl, Georg, Gutdeutsch, Rolf, Koenig, Manfred und Erich Trapp: Modellseismische Experimente zur Interpretation makroseismischer Daten aus dem Bereich der Ostalpen, in: Zeitschrift für Geophysik 29 (1973) 21-39

[112] Schweitzer, Ein Christliche Bußpredigt

sagen, aber keine den Beobachtungsort betreffenden Bebenmeldungen. Die Annalen des Stiftes Zwettl[113] geben ebenfalls keine Auskunft darüber, ob und in welcher Weise das Beben beobachtet wurde. Im Prinzip wäre es denkbar, daß das Fehlen von Bebenmeldungen aus diesem Gebiet auf die Untergrundbeschaffenheit zurückzuführen ist. Doch müssen wir diese Möglichkeit ausschließen, weil bei den gut untersuchten ostalpinen Beben des 20.Jahrhunderts eine solche örtliche Anomalie nicht festgestellt wurde[114]. Demnach bleibt nur der Schluß, daß auch hier die Bodenerschütterungen so stark gewesen sind, daß jedermann sie mit Schrecken wahrgenommen hat und daß unter Umständen auch Gebäudeschäden aufgetreten sind. Die Gründe für das Fehlen jeglicher Information sind bislang völlig ungeklärt.

Es fällt außerdem auf, daß der weite Bereich des Sektors zwischen WSW und S des Epizentrums keine Bebenmeldungen enthält. Dieser Nachteil macht das Zeichnen der äußeren Isoseisten in diesem Raum praktisch unmöglich. Man könnte das Fehlen von Nachrichten vielleicht auf die geringe Besiedelungsdichte der Alpen zurückführen, jedoch wären auch andere Gründe, etwa wie die oben genannten, denkbar.

Abschätzung der Herdparameter des Bebens

Das Epizentrum und geologische Störungen

Unter dem Epizentrum eines Bebens verstehen wir den Punkt auf der Erdoberfläche, unter dem der Bruchvorgang seinen Anfang genommen hat. Nun bestimmen aber auch die Bruchlänge

---

113 Linck, Bernardo: Annales Austrio-clara-vallenses seu fundationes monasterii clarae-vallis Austriae, vulgo Zwetl, ordinis Cisterciensis initium et progressus, Tomus II (Wien 1725)

114 KAPG, Working Group 4,3, Atlas Of Isoseismal Maps, Geophysical Institute of the Czechoslovak Academy of Sciences (Praha 1978), Blatt Nr.93, 94, 124, 127, 132

(auch Herdlänge) L (km), die Tiefenausdehnung w (km), die Dislokation d (cm) und auch die Orientierung des Bruches im Raum die abgestrahlte seismische Energie. Je größer das Beben ist, umso eher muß man die Möglichkeit einbeziehen, daß das Epizentrum nicht im Schwerpunkt des Schadensgebietes liegt. Daher muß man besonders bei großen Beben die räumliche Ausdehnung des Herdes in eine Beziehung zur geographischen Verteilung der Schadensmeldungen stellen. Die bisherige Abschätzung der Magnitude von Ms=6.0 nach Richter ergibt eine bedingte Vergleichbarkeit mit einigen gut untersuchten Krustenbeben des 20.Jahrhunderts. Das Beben von Truckee/USA vom 12.September 1966, Ms=5.9, mb=5.4, w=10km, d=30cm und L=10km und das von San Fernando/USA am 9.Februar 1971 mit Ms=6.6, mb=6.2, w=14km, d=140cm und L=20km ereigneten sich an der San Andreas-Verwerfung in Kalifornien[115]. Wir schätzen daher mit Vorbehalten die Herdlänge des Neulengbacher Bebens auf L=8-15km und die Dislokation auf d=10-15cm. Die Herdlänge von 8-15km gibt gleichzeitig ein Maß für die Genauigkeit, mit der das Epizentrum ermittelt werden kann.

Der Punkt der größten Erschütterung läßt sich nach Abbildung 5 nur schwerlich ermitteln. Jedoch müßte Katzelsbach - sofern man die problematische Quelle von Geiblinger[116] als verläßlich ansieht - mit IX Grad SIS die Ortschaft mit den stärksten Schadenswirkungen gewesen sein. Dennoch vermuteten Suess[117] und spätere Bearbeiter des Bebens, zum Beispiel Drimmel[118], das Gebiet der stärksten Erschütterung etwa 20km südwestlich von Katzelsbach (in Abbildung 6 innerhalb des durch den Kreis bezeichneten Gebietes). Für diese Annahme sprechen vor al-

---

[115] Hurtig, Eckhart und Heinz Stiller: Erdbeben und Erdbebengefährdung (Berlin 1984) 152-153

[116] Geiblinger: Geschichte der Pfarrgemeinde Tulbing

[117] Suess: Die Erdbeben Niederösterreichs

[118] Drimmel, Julius: Kernkraftwerk Zwentendorf - Geophysikalische Aspekte, in: Kernenergie für Österreich (= Schriftenreihe "Sicherheit und Demokratie", Wien 1980) 110-116

lem die beiden folgenden Gründe: Erstens lassen die schweren Schäden in Traiskirchen auf eine eher südlich gelegene Position des Bebens schließen. Wichtiger aber ist der Umstand, daß in diesem Gebiet am 3.Jänner 1873, am 12.Juni 1875 und am 28.Jänner 1895 weitere, wenn auch schwächere Beben auftraten. Es liegt die Vermutung nahe, daß alle Beben an ein und derselben geologischen Störung stattgefunden haben.

Über das Beben von 1873 zog Suess umfangreiche Erkundungen ein, die er zwar nicht nach den heutigen Methoden auswertete, aber sorgfältig dokumentierte.

Das Beben hatte die Maximalintensität Io=6.5 Grad SIS. Suess vermutete, daß beide, das Beben von 1590 und das von 1873 an einer "Stoßlinie", die etwa NNW-SSE streichend, die Verbindungslinie zwischen St.Christophen und Eichgraben kreuzt, stattgefunden habe. Seiner Ansicht nach lagen die beiden Beben etwa auf dem Schnittpunkt dieser beiden Linien. Den von ihm verwendeten Begriff "Stoßlinie" erklärt er nicht weiter physikalisch, doch kennzeichnet er damit das Phänomen sehr schmaler, langgestreckter Schüttergebiete, die bei den Ostalpenbeben häufig vorkommen. Eine solche Stoßlinie erstreckte sich bei dem Beben von 1873 durch das Kamptal nach NNW. Die von Suess durchgeführte Dokumentation ermöglichte es Drimmel und Lukeschitz[119] die Intensitäten dieses Bebens mit modernen Auswertemethoden neu zu bestimmen und die Isoseisten zu zeichnen. Wir haben diese Isoseistenkarte in Abbildung 11 übernommen.

Die bei Suess genannten Ortschaften sind als geschlossene Kreise (Positivmeldungen), offene Kreise (Negativmeldungen) oder Kreuze (nicht klassifizierte positive Meldungen) dargestellt.

Folgende wichtige Ergebnisse seien festgehalten:

1. Im Kamptal liegen tatsächlich überhöhte Werte der Intensität vor, allerdings fehlen Negativmeldungen aus dem westlich

---

[119] Drimmel, Julius und Gabriele Lukeschitz: Makroseismische Neubearbeitung der "Neulengbacher- Beben"

davon liegenden Gebiet. Die Autoren sahen sich deshalb außerstande, eine Isoseiste hindurchzuzeichnen. Der gestrichelte Verlauf trägt aber der Tatsache Rechnung, daß der geologische Untergrund im Kamptal wegen der geringmächtigen fluviativen Sedimentbedeckung als intensitätserhöhend angenommen werden muß.

2. Im Raum um Traiskirchen ergibt sich ein NW-streichendes sehr ausgedehntes und isoliertes Maximum der Intensität. Diese wichtige Beobachtung stützt - vorausgesetzt Herdmechanismus und Herdlage der Beben 1590 und 1873 waren gleich - die Annahme, daß die schweren Zerstörungen in Traiskirchen und im Tullner Feld von ein und demselben Beben hervorgerufen worden sind.

3. Die inneren Isoseisten zeigen nicht die Vorzugsrichtung der äußeren von NNW-SSE. Man gewinnt eher den Eindruck, daß sie einen Trend etwa NE-SW haben. Da aber nach Shebalin[120] die inneren Isoseisten der Richtung des beim Beben entstandenen Bruches folgen, schließen die Autoren, wie auch schon in früheren Arbeiten[121], daß ein Alpenrandsbruch bei dem Beben aktiviert wurde. Als weiteres Argument zieht Drimmel zwei andere am Alpennordrand aufgetretene Beben heran, die seiner Ansicht nach ebenfalls an dieses geologische Störungssystem gebunden sind. Es handelt sich um das Erdbeben von Scheibbs am 17.Juli 1876, welches 70km und das Erdbeben von Molln am 29.Jänner 1867, welches 130km WSW von Neulengbach entfernt liegt.

Für das Mollner Beben haben Drimmel und Trapp[122] die Herdlösung bestimmt und ein EW-Streichen nachgewiesen. Im

---

[120] Shebalin, N.V. : Macroseismic data as information on source parameters of large earthquakes. Phys. Earth. Planct. Int. 6 (1971)

[121] Drimmel, Julius: Rezente Seismizität und Seismotektonik des Ostalpenraumes, in: Der geologische Aufbau Östereichs (Wien 1980)

[122] Drimmel, Julius und Erich Trapp: Das Starkbeben am 29.Januar 1867 in Molln, Oberösterreich, in: Mitteilungen der Erdbeben-Kommission, N.F.76 (Wien 1975)

Falle des Scheibbser Bebens existiert die makroseismische Bearbeitung von Kowatsch[123], dessen Bild der inneren Isoseisten ebenfalls eine eher NE-WS-streichende Vorzugsrichtung enthält.

Abbildung 12 zeigt eine Karte[124] der sogenannten "Bildlineamente" nach Landsat-Satellitenphotos aus dem Raum um Neulengbach. Bildlineamente sind strichartige Elemente auf den Photos, die zum Beispiel durch geologische Störungen hervorgerufen sein können, weil diese landschaftsverändernd wirken. Es kämen aber auch andere Ursachen in Betracht. Nach Ansicht des Bearbeiters dieser Karte, Buchroithner[125] sollten, auf die Länge bezogen, etwa 80% der Bildlineamente als geologische Störungen oder Kluftansammlungen im Gelände wiederzufinden sein. Er räumt außerdem eine gewisse Subjektivität des Auswerters ein. Wir dürfen davon ausgehen, daß beim Zeichnen dieser Karte eine geologische Vorweginformation mitwirkte. Das alpenparallele Bildlineament zwischen den Epizentren der beiden historischen Erdbeben Neulengbach N1 bzw. N2 und Scheibbs S legt die Vermutung einer Alpenrandstörung nahe (2). Deutlich fallen weiterhin Bildlineamente im Bereich der Diendorfer Störung DD und der Mur-Mürz-Furche auf. Zum Vergleich sind auch die Epizentren der Beben seit Einrichtung des regulären seismologischen Dienstes in Österreich im Jahre 1900[126] in die Karte eingetragen. Es sei vorweg bemerkt, daß die meisten dieser Epizentren ziemlich ungenau mit

---

[123] Kowatsch, A.: Das Scheibbser Erdbeben vom 17.Juli 1876

[124] Landsat-Bildlineamente von Österreich, 1:500.000, Geologische Bundesanstalt (Wien 1984)

[125] Buchroithner, Manfred F.: Erläuterungen zur Karte der Landsat-Bildlineamente von Österreich 1:500.000 (Wien, Geologische Bundesanstalt 1984)

[126] Toperczer, Max und Erich Trapp: Ein Beitrag zur Erdbebengeographie Österreichs /Trapp, Erich: Die Erdbeben Österreichs 1949-1960. Ergänzung und Fortsetzung des österreichischen Erdbebenkatalogs, in: Mitteilungen der Erdbeben-Kommission N.F.67 (Wien 1961) /Trapp, Erich: Die Erdbeben Österreichs 1961-1970, in: Mitteilungen der Erdbeben-Kommission N.F.72 (Wien New York

einem Fehlerkreis von etwa .05 Grad, also + - 5km im Gelände festlegbar sind, d.h. sie sind weniger genau als die Bildlineamente. Dieser Umstand täuscht eine rasterartige Feinstruktur der Häufungsgebiete vor, die in Wirklichkeit natürlich nicht existiert. Ungeachtet dessen kommt eine ca. 30km breite seismische Zone gut heraus, die sich von der Mur-Mürz-Furche über das Wiener Becken nach Nordosten zieht. Es gibt nur einen Bereich, in dem die Epizentren sich um ein Bildlineament häufen, in der Mur-Mürz-Furche. In allen übrigen Gebieten, wie dem Wiener Becken und auch in einer undeutlich ausgeprägten seismischen Zone, die westlich der Diendorfer Störung nach Südwesten oder Südsüdwesten verläuft, können wir keinen Zusammenhang entdecken. Dies trifft insbesondere für den Alpennordrand zu, wo von Drimmel eine aktive Randstörung vermutet wird.

Daran wird deutlich, daß Bildlineamente eine zweifelhafte Hilfe für die Interpretation seismischer Zonen darstellen. In Anbetracht aller dieser Umstände erscheint uns die Annahme einer 150km langen seismisch aktiven Alpenrandstörung allein auf Grund von drei Beben statistisch nicht ausreichend belegt.

Auch Tollmann[127] bestreitet diese Ansicht und vermutet eine eher N-NE streichende Störungszone. Dieser Auffassung allerdings widerspricht der Befund der inneren Isoseisten des Bebens. Die Beobachtung, daß das Epizentrum schwer mit einer bekannten geologischen Störung in Verbindung gebracht werden kann, ist übrigens nicht erstaunlich. Auf Grund der sehr verbreiteten Schadenszone kann der Herd sehr tief, möglicherweise in der Unterkruste, also tiefer als 15km gelegen haben. Ein in solcher Tiefe aktivierter Bruch braucht nicht bis an die Oberfläche zu reichen und seine Richtung braucht keineswegs

---

1973) /Drimmel, Julius und Erich Trapp: Die Erdbeben Österreichs 1971-1980, in: Sitzungsberichte der österreichischen Akademie der Wissenschaften, mathematisch-naturwissenschaftlichen Klasse Abt.1, Bd.191, Hefte 1-4 (Wien New York 1982)

[127] Tollmann, Alexander: Ist Zwentendorf erdbebengefährdet? Artikel in: Die Kronenzeitung vom 4.Oktober 1978

mit dem Streichen der aufgeschlossenen Störungen übereinzustimmen.[128]

Die hier angestellten Überlegungen wurden aufgestellt, um zu zeigen, daß die Ungenauigkeit der Daten es nicht gestattet, das Epizentrum und damit den aktivierten Bruch genauer als mit + - 8km anzugeben. Zwar bestehen keine Bedenken gegen die in (2) vermutete Position des Epizentrums. Sie kann unserer Meinung nach aber nur als Mittelpunkt eines Fehlerkreises mit dem Radius r = 8km verstanden werden. Dieser Kreis ist in Abbildung 6 eingetragen. In seine Fläche fällt auch das ziemlich genau bekannte Epizentrum des Erdbebens vom 3.Januar 1873. Aus diesem Grund kann man auch nicht daraus ableiten, daß beide Beben an der gleichen Störungszone aufgetreten sind. Genaue Beobachtungen von alpinen Beben des 20.Jahrhunderts, wie z.B. in Friaul[129] haben z.B. gezeigt, daß Nachbeben an einer anderen Störung stattfinden können als das Hauptbeben.

Die Herdtiefe

Da nur makroseismische Unterlagen zur Verfügung stehen, läßt sich prinzipiell nicht jene Tiefe bestimmen, in welcher der Bruch seinen Anfang genommen hat, sondern nur die sogenannte "makroseismische Herdtiefe." Darunter ist - etwas unscharf ausgedrückt - die Schwerpunktstiefe der seismischen Energieabstrahlung zu verstehen. Die bekannten Verfahren zur Tiefenbestimmung setzen Kenntnis der Isoseisten voraus.[130] Die Meldungsverteilung in Abbildung 10 zeigt, daß diese nur unsicher

---

[128] Gutdeutsch, Rolf und Kay Aric: Erdbeben im ostalpinen Raum, in: Arbeiten der Zentralanstalt für Meteorologie und Geodynamik 19 (Wien 1976)

[129] Proceedings of Specialist Meeting on the 1976 Friuli Earthquake and the antiseismic design of nuclaer Installation, Volume 1 (Mai 1978)

[130] Peterschmitt, E.: Sur la variation de l'intensité macroseismique avec la distance épicentrale (=Publ. du BCIS, Tr.Sc., Serie A, F 18, Strasbourg 1952), Franke, Auguste und Rolf Gutdeutsch: Eine makroseismische Auswertung des Nordtiroler Bebens bei Nam-

festgelegt werden können, weil es weite Gebiete gibt, in denen aus oben genannten Gründen Nachrichten fehlen.

Es stellt sich die Frage, ob die zur Verfügung stehenden Daten den Aufwand einer makroseismischen Herdtiefenbestimmung rechtfertigen. Wir haben durch wiederholtes versuchsweises Zeichnen von Isoseisten mittlere Isoseistenradien abgeschätzt, die in Tabelle 2 eingetragen sind. An ihnen mag der Leser selbst entscheiden, ob er unserer Deutung zustimmt. Dann haben wir nach dem Verfahren von Franke und Gutdeutsch Herdtiefen berechnet, indem wir die Isoseistenradien innerhalb plausibler Grenzen variierten. Für die Festlegung der Isoseistenradien waren folgende Gesichtspunkte entscheidend:

Die IX-Grad-Isoseiste läßt sich nicht festlegen, da wir nur eine einzige Meldung mit der Intensität IX haben. Da aber die Herdlänge zwischen 8 und 15 km liegt, kann man auf Grund des begrenzten Auflösungsvermögens kaum erwarten, daß r_9 kleiner als 4 km sein kann, sondern eher größer. Viel sicherer ist die Isoseiste der Intensität VIII bestimmbar. Sie umschließt ein in EW-Richtung ungefähr ellipsenförmig verlängertes Gebiet, welches im Westen mindestens bis Sitzenberg und im Osten mindestens bis Wien reicht. Im Mittel kommt man auf $r_8 \geq 28$ km, weil Ortschaften mit geringerer Intensität erst in Distanzen r größer 60 km folgen.

Die VII-Grad-Isoseiste wird lediglich durch die vier Ortschaften mit den Nummern 19, 21, 29 und 51 gestützt. Man kann für r_7 nur größenordnungsmäßig 65 km angeben. Bei größeren Distanzen wird die VI-Grad-Isoseiste im Mittel bei 130 km Entfernung erreicht, d.h.r_6 ca. 130 km. Danach werden Meldungen besonders im Süden unvollständiger. Die Schätzung von $r_5 =$ 200 km ist daher sehr ungenau. Die Größe des Schüttergebietes von 360.000 Quadratkilometer gibt größenodnungsmäßig Auskunft über den Isoseistenradius, den wir mit r_4 größer gleich 300 km annehmen.

---

los am 8.Oktober 1930, in: Mitteilungen der Erdbeben-Kommission, N.F.73 (Wien, New York 1973)

Hiermit kommt man auf folgende Abschätzungsgrundlage:

$r_9 \geq 4$ km, $r_8 \geq 28$ km, r_7 ca. 65 km, r_6 ca. 130 km, r_5 ca. 200 km, $r_4 \geq 300$ km

Die $\geq$ -Zeichen bedeuten nicht, daß die Isoseistenradien beliebig, sondern nur geringfügig innerhalb plausibler Grenzen vergrößert werden können. Tabelle 2 zeigt Ergebnisse von 2 Herdtiefenbestimmungen, die im Rahmen dieser Variationsbreite liegen. Daß man, je nach Wahl der Isoseisten, so unterschiedliche Herdtiefen wie 2 bzw. 28 km erhalten kann, erlaubt nur den Schluß, daß Herdtiefen zwischen 2 und ca. 28 km mit den Beobachtungen verträglich sind. Die Qualität des Datenmaterials erlaubt keine genauere Festlegung. Wir glauben aber, daß der Herd wesentlich tiefer als 2 km gelegen hat, und zwar auf Grund der Beobachtung, daß die meisten großen Erdbeben des Ostalpenraumes tiefer liegen als die kleinen.[131]

Die Magnitude

Die Größe des Schüttergebietes und die Isoseistenradien können auch etwas über die Magnitude aussagen. Hierfür gibt es Vergleichswerte gut untersuchter Beben des 20.Jahrhunderts. Im Ostalpenraum, also im näheren Umkreis des Neulengbacher Ereignisses zwar nicht, wohl aber am Balkan gab es zahlreiche Beben der Maximalintensität IX, die zum Vergleich tauglich wären. Der Katalog von Shebalin, Kárník und Hadzievski[132] gibt über diese Beben Auskunft. Die nachfolgende Tabelle zeigt eine Gegenüberstellung unseres Bebens mit dem Erdbeben vom 6.Oktober 1964, das sich ca.150 km südwestlich von Istanbul ereignete, und dem der Katalog die Magnitude Ms=6.8 bei einer Herdtiefe von 15 km zuordnet.

---

131 Franke, Auguste und Rolf Gutdeutsch: Makroseismische Abschätzungen der Herdparameter der österreichischen Erdbeben aus den Jahren 1905-1973, in: Journal Geophysics 40 (1974) 173-188

132 Shebalin, N.V., Kárník, V. und D. Hadzievski (Ed.): Catalogue of Earthquakes. UNDRO/UNESCO Survey of the Seismicity of the Balkan Region (Skopje 1974)

I[SIS]	Isoseistenradien	Isoseistenradien
	Neulengbach (km)	Türkei (km)
9	4-9	6
8	26-35	30
7	60-70	65
6	120-130	140
5	200-220	210
4	300-330	300

Natürlich kann man diese Werte nicht direkt auf das Neulengbacher Beben übertragen, doch zeigt sich immerhin eine Tendenz, wonach die Magnitude (bisherige Schätzung Ms=6.0)[133] und die Herdtiefe (bisherige Schätzung H=5 km) möglicherweise doch größer gewesen sein können als bisher angenommen. Franke et al[134] haben einen empirischen Zusammenhang zwischen Herdtiefe H, Magnitude Ms und Maximalintensität Io für ostalpine Beben gefunden:

$Ms = 0.54\ I_o + 0.50 \log h + 0.67$ (Ms kleiner bis 5.3).

Wenn man diese Formel auf größere Magnituden extrapolieren darf, käme man für das Neulengbacher Beben bei der größtmöglichen Herdtiefe von h=30 km auf eine Magnitude von maximal 6.3.

133 Procházková, Dana und Julius Drimmel: Several supplements to material on seismic activity in Czechoslovakia, in: Contrib. Geophys. Inst. Slov. Acad. Sci. 14 (1983) 79-98

134 Franke, Auguste und Rolf Gutdeutsch: Makroseismische Abschätzungen der Herdparameter der österreichischen Erdbeben aus den Jahren 1905-1973, in: Journal Geophysics 40 (1974) 173-188

Wiederholungsneigung von Katastrophenbeben im Epizentralgebiet des Bebens von 1590

Erdbeben wie das von Neulengbach am 15.September 1590 kommen im Ostalpenraum sehr selten vor. Für Böhmen war es das größte im eigenen Land gefühlte Beben überhaupt. Im Zusammenhang mit der Beurteilung der Standortsicherheit technischer Großanlangen ist es aber wichtig zu wissen, ob die heute zur Verfügung stehenden Information ausreicht, um die Wahrscheinlichkeit für die Wiederholung eines Bebens dieser Größe abzuschätzen. Bekanntlich benötigt man für eine solche Abschätzung die vollständige Ereignisreihe über eine Zeitspanne, die groß ist gegenüber der mittleren Wiederholungsrate des Bebens. Von einer in Bezug auf die Zeit lückenlosen Geschichtsschreibung, die auch Erdbeben dieser Größe erfaßt, kann man aber, zumindest im Ostalpenraum, erst seit Gründung der Klöster um das Jahr 1000 n. Chr. sprechen. Diese Zeit ist nicht lang genug, um den Mittelwert der Wiederholungsrate eines Bebens der Maximalintensität IX zu bestimmen.

Die oben gestellte Frage muß also mit nein beantwortet werden. Dennoch besteht die Möglichkeit einer groben Abschätzung, und zwar unter Verwendung einer wohldefinierten Voraussetzung. Dieser Weg soll hier beschritten werden.

Nahezu lückenloses Datenmateriel existiert etwa seit Beginn des österreichischen seismologischen Dienstes um 1900[135]. Für

---

[135] Toperczer, Max und Erich Trapp: Ein Beitrag zur Erdbebengeographie Österreichs /Trapp, Erich: Die Erdbeben Österreichs 1949-1960. Ergänzung und Fortsetzung des österreichischen Erdbebenkatalogs, in: Mitteilungen der Erdbeben-Kommission N.-F.67 (Wien 1961) /Trapp, Erich: Die Erdbeben Österreichs 1961-1970, in: Mitteilungen der Erdbeben-Kommission N.F.72 (Wien New York 1973) /Drimmel, Julius und Erich Trapp: Die Erdbeben Österreichs 1971-1980, in: Sitzungsberichte der österreichischen Akademie der Wissenschaften, mathematisch-naturwissenschaftlichen Klasse Abt.1, Bd.191, Hefte 1-4 (Wien New York 1982)

diese Untersuchung betrachteten wir ein Gebiet um Neulengbach, das so groß ist, daß die Zahl der seit 1900 darin aufgetretenen Beben groß genug für eine statistische Auswertung ist. Das betrachtete Gebiet umfaßt etwa den in Abbildung 9 dargestellten Bereich und ist durch die 14. und 17. Längengrade und 47. und 48.5 Breitengrade begrenzt. Das Ergebnis wird in der nachfolgenden Tabelle dargestellt.

Anzahl der Ereignisse: n=612

Zeitintervall: 1900 bis 1983

I_o [SIS]	N
I_o ≤IV	302
IV < I_o ≤ IV-V	129
IV-V < I_o ≤ V	117
V < I_o ≤ V-VI	31
V-VI < I_o ≤ VI	12
VI < I_o ≤ VI-VII	12
VI-VII < I_o ≤ VII	6
VII < I_o ≤ VII-IIX	2
VII-IIX < I_o ≤ IIX	1

Diese Häufigkeitsverteilung, halblogaritmisch aufgetragen, folgt etwa einer mit I_o abfallenden Geraden. Die auf die Zeitspanne von 100 Jahren bezogene bestanschließende Gerade hat die Gestalt:

$\ln(N) = -1.408\ I_o + 11.21$ ($I_o \leq$ VII-IIX bis IIX Grad SIS)

Die Annahme besteht nun darin, daß diese Formel bis zu Beben mit I_o = IX Grad SIS extrapoliert werden darf. Freilich muß man voraussetzen, daß erstens der Antriebsmechanismus der tektonischen Spannungen über tausende von Jahren hin gleich geblieben ist, und zweitens das Gestein auf kleine und große Spannungsansammlungen gleichartig reagiert. Da hierüber keine spezielleren Informationen für den Ostalpenraum existieren, gehen wir von der oben genannten Annahme aus, und erhalten durch Extrapolation die mittlere Wiederholungszeit T eines Bebens der Maximalintensität I_o = IX im weiteren Umkreis von Neulengbach mit T = ca. 430 Jahre. Diese Zahl ist eine statistische Größe und nicht als Prognose zu verstehen. Sie besagt natürlich nicht, daß man im Jahre 2020 n.Chr. ein neuerliches Beben dieser Größe zu erwarten habe. Sie gibt jedoch als Langzeitvermutung[136] eine Vorstellung von der zu erwartenden Größenordnung der Zeit.

Ausblick

Die vorliegende Pilotstudie hatte das Ziel, moderne Verfahren der Geschichtsforschung der seismologischen Datengewinnung nutzbar zu machen und dabei neue Wege der Bearbeitung zu finden. Für die Quellen erwies sich entsprechend der Situation des wirtschaftlichen und geistigen Lebens der Frühneuzeit, eine Einteilung in 5 Gattungen vorteilhaft. Die unterschiedlichen Quellengattungen haben verschiedenartige Wertigkeit in Bezug auf das Erdbeben. Es bleibt offen, ob für andere Zeiten andere Einteilungen sinnvoller sein könnten. Entgegen der vielfach geäußerten Vermutung, daß man Beben aus dem 16.Jahrhundert nicht nach den im 20.Jahrhundert entwickelten Intensitätsskalen beurteilen könne, hat diese Studie den Nachweis erbracht, daß dies, bei Vorliegen gewisser Voraussetzungen, doch möglich ist. Wenn z.B. das damals beschädigte Gebäude heute noch steht, oder wenn eine genaue Beschreibung seines damaligen Bauzustandes existiert, ist eine Intensitätszuordnung möglich. Für alle anderen Schadensmeldungen wurde die Bauklasse A angenommen.

Die interessante Beobachtung, daß der Genauigkeit von erhofften physikalischen Informationen eine natürliche obere Grenze

---

[136] Gutdeutsch, Rolf: Naturkatastrophen der Gegenwart - Vorsorge und Prognose, in: Österreichische Akademie der Wissenschaften 1986 (im Druck)

durch den Bildungsstand der Schreiber gegeben ist, kann sicherlich auch auf andere Epochen übertragen werden. Damit eröffnen sich sinnvolle neue Wege der Quellenkritik.

Die Studie bestätigt im wesentlichen bisherige Vorstellungen über die Ausdehnung des Schüttergebietes. Sie berücksichtigt neben den alten Quellen zahlreiche neugefundene Dokumente, die das bisherige Bild des Schadensgebietes wesentlich verbessert. Es handelt sich dabei vor allem um detallierte Berichte aus Wien und neue Nachrichten aus dem Tullner Feld. Hiernach muß das Schadensgebiet etwas größer gewesen sein als bisher angenommen. Entsprechend der oben beschriebenen Unschärfe der Informationen kann man wichtige Herdparamter nur ungenau und innerhalb gewisser Fehlergrenzen angeben. Auf Grund der Schadensverteilung des Bebens muß die Herdlänge zwischen 8 und 15 km gelegen haben. Dementsprechend ist es sinnvoll, das Epizentrum nur innerhalb eines Fehlerkreises mit r = 8 km um die geographische Länge $16{,}05^0$ und die geographische Breite 48.20^0 Grad zu bezeichnen. Der Mittelpunkt dieses Kreises liegt ca. 5km östlich von dem bisher angenommenen Epizentrum.

Eine Untersuchung der mittleren Isoseistenradien führt zu dem Schluß, daß die Daten für eine genaue Herdtiefenbestimmung nicht ausreichen, und daß die Herdtiefe zwischen 2 und 30 km gelegen haben kann. Diese Aussage hat zur Folge, daß die bisherige Abschätzung der Magnitude die untere Schranke des möglichen Bereiches $6.0 \leq Ms \leq 6.3$ darstellt. Die Schadensmeldungen lassen den Schluß auf eine entweder E–W oder NW–SO gerichtete, durch das Beben aktivierte Störungszone zu.

An dieser Studie wird deutlich, daß eine eklatante Diskrepanz besteht zwischen der erhofften und praktisch erreichten Genauigkeit und Sicherheit der Information über das Beben. Ähnliche Beobachtungen würde man vermutlich an anderen historischen Beben machen. Dies wirft ein bezeichnendes Licht auf die Auffassung der heutigen Erdbebenrisikoanalyse.

ANHANG A: ALPHABETISCHES VERZEICHNIS DER ORTSCHAFTEN MIT BEBENMELDUNGEN UND QUELLENHINWEISE (FERNFELD)

Hier werden jene Teile der Quellen angeführt, die für die genannten Ortschaften relevant sind. Die Quellen werden vollinhaltlich mit Ausnahme der Quellengattung E im Anhang B angeführt.

Weiters enthält das nachfolgende Verzeichnis der Ortschaften die jeweiligen klassifizierten Quellengattungen A, B, C, D oder E. Sofern für die betreffende Ortschaft bereits eine Intensitätsabschätzung in der Literatur vorliegt, so wird diese mit der entsprechenden Quelle wie SIEBERG, A.: Beiträge zum Erdbebenkatalog Deutschlands und angrenzender Gebiete für die Jahre 58 -1799, in: Mitteilungen des Deutschen Reichs- Erdbebendienstes, Heft 2 (Berlin 1940) und KÁRNÍK, V., MICHAL, E. und A. MOLNÁR: Erdbebenkatalog der Tschechoslowakei, in: Traveaux de l'Institut Géophysique de l'Académie Tchéchoslovaque des Sciences No.69 (1957) 411-598 genannt (alles Quellengattung E).

BAUTZEN/DDR

WERNER, Melchior: Handschriftliche Eintragung am Vorsatzblatt einer Lutherausgabe der Kreisbibliothek Bautzen, nach: KOZÁK, J. und P. SCHMIDT: Abbildungen seismologischer Inhalte in europäischen Drucken des 15. bis 18.Jahrhunderts, in: Geschichte der Seismologie, Seismik und Erdgezeitenforschung, Veröffentlichungen des Zentralinstituts für Physik der Erde Nr.64 (Potsdam 1981) 90

Anno 1590 den sambstag nach kreuzerhöhung welcher war der 15.tag septembriss gegen abendt umb 5 unndt 6 uhr hats alhir...zwey erschreckliche erdbeben gehabt, der folgenden nacht auch etliche, das sich alle häuser hefftig erschüttert haben. Quellengattung B

BRATISLAVA/PRESSBURG/ČSSR

ISTHVÁNFFI, Nicolaus Pannonius: Historiam de Rebus Vngaricis Libri XXXIV. Nunc primum in lucem editi. Coloniae Agrippinae, Sumptibus Antonij Hierati (Köln 1622)

Übersetzung:

In diesen Tagen (nämlich im Jahr 1590) wurde die Erde an vielen Orten durch einen starken Stoß erschüttert, so daß in Wien, Bratislava, Trnava und an benachbarten Orten so wie auch in Illyrien und Zagreb und nicht weit vom Meer bei Zengg, nicht ohne erhebliche Zahl der Todesopfer, viele Gebäude einstürzten. In Bratislava ist tatsächlich auch eine Brandkatastrophe von einem Gässchen aus entstanden, und zwar bei den Schmieden unweit des oberen Stadttores. In den Mittagsstunden breitete sich das Feuer aus und wütete mit einer solchen Heftigkeit, daß das Nonnenkloster und die St.Clara-Kirche niederbrannten. Fast die ganze Stadt - mit Ausnahme einiger Häuser - ging mit erschreckender Geschwindigkeit in Flammen auf. Quellengattung B

SPANGAR, András krónikája, nach Réthly, Antal: A Kárpátmedencék Földrengései (455-1918) (Budapest 1952)

...Ismét Magyarországban, Posonyban, Nagy-Szombatban és a vidéki helyeken, Illyricumban, Zágrábban és Segnian a foeld rettenetesen meg indul a lakósok nagy félelmével, és épületek kárával.

Übersetzung:

...Erneut hat sich die Erde in Ungarn, in Bratislava, in Trnava, in Ortschaften der Provinz Illyricum, in Zagreb und Senj (Zeng) furchtbar bewegt, Schrecken unter der Bevölkerung hervorgerufen und Gebäudeschäden angerichtet. Quellengattung E

ADATOK a szent-Ferenczrendiek történetéhez honukban. Szerzö ismeretlen (Religió I. és II. év) (Daten zur Geschichte des heiligen Franziskanerordens unserer Heimat) (Pest 1849/50), nach: Réthly, Antal: A Kárpátmedencék Földrengései (455-1918) (Budapest 1952),

Pozsony ..., de annál többet ártott 'epületeinek az 1586-1602. évig dühöngö földreng'es; nevezetesen 1590.-dik évi september hó 5-dik napján Pozony és Nagy-Szombat körül olly szenved'elyes dühhel rengett a' föld: hogy tikkadásig fölháborodott lakosok a' kárpáthegy' szöllövonalát veszélyes mozgásban látták, a' város' tornya több helyken megnyilt, templomunk' boltozatja leszakadt, a' kolostor' nagyobb része összedölt; de sz. János temploma a' nagytemplom' szentélye, és a' torony épen maradtak.

Zusammenfassung der Information:

Umsomehr haben unseren Gebäuden die wütenden Erdbeben zwischen 1586 und 1602 geschadet. Namentlich jenes vom 5.September 1590, als um und in Bratislava und Trnava die Erde mit einer solchen Heftigkeit bebte, daß die bis zur Erschöpfung erregten Bewohner die Grenzlinien der Weingärten am Kapadberg in bedrohlicher Bewegung sahen, der Stadtturm ist an mehreren Stellen geborsten, das Gewölbe unserer Kirche eingestürzt und ein Großteil des Klosters zusammengebrochen. Allerdings sind das Allerheiligste der Kirche zum Hl. Johannes und der Turm unbeschädigt geblieben. Quellengattung E

KUMLIK, Emil: Képes pozsonyi kalauz (Pozsony 1897), nach: RETHLY, Antal: A Kárpátmedencék Földrengései (455-1918) (Budapest 1952),

Pozsony: A korábbi régi torony - a városházán - mely meredek nyeregtetövel, köböl való védelmi folyosóval és négy apró saroktornyocskával birt, 1590-ben megrepedt, miért is le kellet bontani.

Zusammenfassung der Information:

Bratislava: Der frühere alte Turm - am Rathaus - welcher über ein steiles Satteldach, einen Verteidigungsgang aus Stein und kleine Ecktürmchen verfügte, bekam 1590 einen Sprung, weshalb er abgetragen werden mußte. Quellengattung E

SHEPESHAZY, Carl von und J.C. THIELE: Merkwürdigkeiten des Königreiches Ungarn oder historisch-statistisch-topographische Beschreibung aller in diesem Reiche befindlichen Städte, Band 2 (Kaschau 1825) 97

1590 wird der Rathsthurm durch ein noch heftigeres Erdbeben gefährlich beschädigt, und eine Feuersbrunst wüthete so grausam, dass ausser der Dom- und Franciskaner-Kirche, dem erzbischöflichen Pallaste und dem Rathhause, beinahe sämmtliche Privat- und öffentlichen Gebäude ein Raub der Flammen geworden sind. Quellengattung E

BRNO/BRÜNN/ČSSR

KÁRNÍK, V., MICHAL, E. und A. MOLNÁR: Erdbebenkatalog der Tschechoslowakei: I=V-VI

JAHODKA Matěj z Chrudimě: Zialostné Sepsánij o Novém Země Třesenij hrozném a strassliwém, kteréž se Letha MDXC w Sobotu po Památce Powýssenj Swatého Křjže, w tomto Králowstwj Cžeském, y w giných okolnijch Zemijch a Kraginách, z dopusstěnij Božijho stalo. W Starém MěstěPražském, u Danyele Sedlčanského.

Zusammenfassung der Information:

Vier Schocks (Stöße) während der Nacht, Türme bewegten sich, desgleichen Tische und Stühle in Häusern, Türen und Dächer ächzten. Quellengattung E

CHRONIK VON BRÜNN des Rathsherrn und Apothekers Georg Ludwig, hg. von P. von Chlumecky (Brünn 1859) 26

1590. Den 29.Juny ist ein Erdbidem gewest um 3 und 4 Uhr Nachmittag, das sich der rathhaus tuern geschietert, und die Glocken bey S.Jacob bewegt, in der nacht um 1 Uhr wieder eins gewest.

Den 15.Septembris ist wieder ein Erdbidem gewest um 5 Uhr nachmittag, hernach in der nacht wieder um 1 Uhr, ist groß gewest das sich die Tüerm erschütert haben. Quellengattung B

BRUCK/ÖSTERREICH

Wien ÖNB Fugger-Zeitung Cod. 8963, fol.656r:

Auß Prugg in Österreich ob der Enns, 19.september 1590. Verschinenen sambstags den 15. diß abendts umb 5 uhr, ist alhie abermals ein erdbidem gehört, gleichwohl anfangs von wenig leüten war genommen worden, doch haben wir solliche in unseren hauß zimlich gespürt, und nachmals umb 6 uhr noch vil merers, wie ich dann herunder im hauß auf einer banckh sitzendt etliche zeitung ablesend empfunden, sich dermassen erschüttett, daß mir die schrifften beynahe auß der hand gefallen weren. Hernach aber umb 12 und dann 1 uhr inn der nacht, sonderlich ain viertel stundt vor 1 uhrn, hat sichs vil mer und schröcklicher erzaigt, so vast 1/2 viertel stund continuiert, das die erden alle heuser und was darinnen dermassen erschüttert, daß wer schlaffendt gewest, gewißlich ermuntert worden und inn den zimmern ein solliches raßlen gewest, als wollte alles einfallen. Solliches ist hie herumb aller orten, so vil man noch erfaren mögen, gesehen und gehört worden, nit allein inn den heüsern, sondern auch auf freyem veldt, inn hölzern und wäldern, daß sich die bäum und wurtzeln erhebt und gekracht haben, dergleichen inn disen lannden nie erhört, wie sich dann vor 6 wochen dergleichen auch erzaigt, also daß sich die türner zu Welß ab dem thurn begeben müssen. Seind also etliche tagen wol von 6 erdbidem inn diser zeit erhört und wargenommen worden. Quellengattung A

ČÁSLAV/CASLAU/ČSSR

KÁRNÍK, V., MICHAL, E. und A. MOLNÁR: Erdbebenkatalog der Tschechoslowakei: I=V

JAHODKA Matěj z Chrudimě: Zialostné Sepsánij o Novém Země Třesenij

Zusammenfassung der Information:

Mehrere Male gefühlt, auch am 3.Tag. Quellengattung E

ČESKÉ BUDĚJOVICE/BUDWEIS/ČSSR

KÁRNÍK, V., MICHAL, E. und A. MOLNÁR: Erdbebenkatalog der Tschechoslowakei: I=V-VI

MAREŠ, František: Kronika budějovická, Věstník královské české společnosti nauk, Tř. filos.-hist.-jaz., Jg. 1920 (Praha 1922) 26

Item (1590) den 15.September ist wiederumb ain gross Ertpidem gewest, dass alle Häuser erzüttert haben, als wollt es alles zu haufen fallen. Quellengattung B

ČESKÝ BROD/BÖHMISCH BROD/ČSSR

KÁRNÍK, V., MICHAL, E. und A. MOLNÁR: Erdbebenkatalog der Tschechoslowakei: I=V

JAHODKA Matěj z Chrudimě: Zialostné Sepsánij o Novém Země Třesenij

Zusammenfassung der Information:

Fürchterlicher Schock wie nie zuvor. Quellengattung E

CHRUDIM/ČSSR

KÁRNÍK, V., MICHAL, E. und A. MOLNÁR: Erdbebenkatalog der Tschechoslowakei: I=V

JAHODKA Matěj z Chrudimě: Zialostné Sepsánij o Novém Země Třesenij

Zusammenfassung der Information:

Fürchterlicher Schock wie nie zuvor. Quellengattung E

DRESDEN/DDR

SIEBERG, A.: Beiträge zum Erdbebenkatalog Deutschlands und angrenzender Gebiete für die Jahre 58 -1799, in: Mitteilungen des Deutschen Reichs- Erdbebendienstes, Heft 2 (Berlin 1940): "schwach"

WECK, Anton: Der Kurfürstlich sächsische weitberufenen Residenz und Haupt-Vestung Dresden Beschreib- und Vorstellung, auf der churfürstlichen Herrschaft gnädigsten Belieben verfasset durch Antonium Wecken. 16. Titel - Von Mißgeburten/Wunderzeichen/ Erdbeben/ungemeinen Begebenheiten/Unglücke (Nürnberg 1680)

Anno 1590 am 5.Septembr. zu Nacht hat sich ein hefftig Erdbeben ereignet, welches wie man unter andern angemerket, wegen großer Hefftigkeit verursachet, das auf alhiesigem Creutz Kirchen Thürme, der Hammer auf die Seyger Schelle merklich geschlagen und dieselbe so erreget, daß sie gethönet. In Böhmen, Mähren und Oesterreich ist auch großer Schaden dadurch geschehen, wie damalig eingelaufene Nachrichtungen ausgewiesen. Quellengattung B

FREIBERG/DDR

SIEBERG: Erdbebenkatalog Deutschlands: "schwach"

MOLLERO, A.P.: Theatrum Freibergense Chronicum, Beschreibung der alten löblichen BergHauptStadt Freyberg in Meissen (Freiberg 1653), 364

1590...Den 5.Septembr. Sonnabend nach Aegidii ist in gantz Meissen/ wie auch in den angräntzenden Ländern/ und ferner durch Ungarn biß Constantinopel/ ein schrecklich Erdbeben gewesen; zu Freybergk hat es unter andern den Petersthurm dermassen beweget, daß die Hewerglöcklein am Holtze angestossen/ und einen Schall von sich gegeben. Quellengattung B

FULNEK/ČSSR

JEITTELES, Heinrich Ludwig: Versuch einer Geschichte der Erdbeben in den Karpathen- und Sudeten-Ländern bis zum Ende des 18.Jahrhunderts, in: Zeitschrift der deutschen Geologischen Gesellschaft 12, Jg.1860, 301f.

Auch in Fulnek wurde (nach den von Heinrich citirten handschriftlichen Analecten Jeschek's zur Geschichte Fulneks) dieses Erdbeben deutlich verspürt. Quellengattung E

GERA/DDR

SIEBERG: Erdbebenkatalog Deutschlands: "schwach"

EISEL, R.: Chronik verschiedener Naturerscheinungen innerhalb Reusenlands und insbesondere der Umgebung Geras bis 1862 (Gera 1862)

1590. Gera. Den 5.Septbr. ist ein großes Erdbeben allhier wie auch in Meissen gespürt worden. Quellengattung E

GYÖR/RAAB/UNGARN

BENCSIK, Janos: Regi magyar földrengesek. Az Idöjaras, Jg.V (1901)

Zusammenfassung der Information:

Die zerstörenden Beben wüteten zwar nicht in unserer Heimat, jedoch so nahe an dessen westlicher Grenze, daß die Komitate Bratislava, Vas, Zala, Sopron und Györ ebenfalls ihren Teil abbekamen. Quellengattung E

HERSBRUCK/BRD

SIEBERG: Erdbebenkatalog Deutschlands: I=V

HRADEC KRÁLOVÉ/KÖNIGGRÄTZ/ČSSR

KÁRNÍK, V., MICHAL, E. und A. MOLNÁR: Erdbebenkatalog der Tschechoslowakei: I=V

JAHODKA Matěj z Chrudimě: Zialostné Sepsánij o Novém Země Třesenij

Zusammenfassung der Information:

Fürchterlicher Schock wie nie zuvor. Quellengattung E

JELENIA GORA/HIRSCHBERG/POLEN

PETRAK E.R.: Das jüngste Erdbeben im Riesengebirge. Das Riesengebirge im Wort und Bild III, Jg. 1883

Zusammenfassung der Information:

Ein starkes Erdbeben in Hirschberg. Quellengattung E

JIHLAVA/IGLAU/ČSSR

KÁRNÍK, V., MICHAL, E. und A. MOLNÁR: Erdbebenkatalog der Tschechoslowakei: I=V

LÖWENTHAL, Martin Leupold von: Chronik der Stadt Iglau (1402-1607), in: Mährische und Schlesische Chroniken, hg. von der mährisch-schlesischen Gesellschaft, Quellen-Schriften zur Geschichte Mährens und Österreichisch-Schlesien, 1.Sektion: Chroniken, 1.Teil (Brünn 1861) 186

Eodem anno (1590) den 15.September war ein Erschröcklich groß erdbeben fasst die ganze nacht allhie und in den vmligenden landen, deßgleichen auch das nechste iahr hernach. Eodem anno im Mertzen sein auch viel Chasmata am himel gesehen worden. Quellengattung B

JINDŘICHUV HRADEC/NEUHAUS/ČSSR

KÁRNÍK, V., MICHAL, E. und A. MOLNÁR: Erdbebenkatalog der Tschechoslowakei: I=VI

JAHODKA Matěj z Chrudimě: Zialostné Sepsánij o Novém Země Třesenij

Zusammenfassung der Information:

Mehrere Male gefühlt, auch am 3.Tag. Quellengattung E

TEPLÝ, F.: Dějiny města Jindřichova Hradce I, část 2 (1927) und II, část 3 (1934) 321,405

Zusammenfasssung der Information:

Ein schreckliches Erdbeben in Jindřichuv Hradec, wie nie zuvor. Kurz vor dem Stoß wurde ein tiefer Ton wahrgenommen. Quellengattung E

KAMIENNA GORA/LANDESHUT/POLEN

SIEBERG: Erdbebenkatalog Deutschlands: I=V

KLODZKO/GLATZ/POLEN

SIEBERG: Erdbebenkatalog Deutschlands: I=V

RADICS, Peter von: Historische Beben in Schlesien, in: Die Erdbebenwarte 1 (Laibach 1901/02)

Das erste Beben, über das eingehende Nachrichten vorliegen, fand am 15.September 1590 statt. In der Grafschaft Glatz erfolgten an diesem Tage zwei so heftige Stöße, daß sich angeblich die Menschen nicht aufrecht erhalten konnten, die Häuser wankten und geschlossene Türen aufsprangen. Quellengattung E

KOLÍN/ČSSR

KÁRNÍK, V., MICHAL, E. und A. MOLNÁR: Erdbebenkatalog der Tschechoslowakei: I=V

JAHODKA Matěj z Chrudimě: Zialostné Sepsánij o Novém Země Třesenij

Zusammenfassung der Information:

Fürchterlicher Schock wie nie zuvor. Quellengattung E

VAVRE, J.: Dějiny města Kolína n.L. (Kolín 1888) 149

Zusammenfassung der Information:

Ein tiefer Ton war zu hören und dann wurden die Häuser und Türme erschüttert. Dies wiederholte sich um Mitternacht und hatte Furcht und Schrecken der Bevölkerung zur Folge. Quellengattung B oder E

KOUŘIM/KAURIM/ČSSR

KÁRNÍK, V., MICHAL, E. und A. MOLNÁR: Erdbebenkatalog der Tschechoslowakei: I=V

JAHODKA Matěj z Chrudimě: Zialostné Sepsánij o Novém Země Třesenij

Zusammenfassung der Information:

Fürchterlicher Schock wie nie zuvor. Quellengattung E

Archiv des Geophysikalischen Institutes der tschechoslowakischen Akademie der Wissenschaften, Praha-Spořilov, Privatsammlung Michal

Zusammenfassung der Information:

In Kouřim fielen zwei Steine der Ruine der Kirche St.Martin und der Wetterhahn von einem Haus herab. Quellengattung E

KREMSMÜNSTER/ÖSTERREICH

Archiv des Stiftes Kremsmünster CC Cim 3, fol.189 v P. Leonhard Wagner.

Übersetzung:

Am Festtag Peter und Paul (29.Juni) im Jahre 1590 war ein so starkes Erdbeben, daß unser gesamtes Kloster erschüttert wurde. Quellengattung B

KUTNÁ HORA/KUTTENBERG/ČSSR

MEMORABILIENBUCH VON KUTNÁ HORA

Memorabilia 1589-1590, Archiv der Stadt Kutná Hora, Rukopisné zápisy o zemětřesení v Kutné Hoře dne 15. září 1590. (Archiv kutnohorský, kniha memorab. z l. 1589-1590, 015, 014, 022 p.v.)

nach MICHAL, E.: Literatura o zemětřesení v Čechách do r. 1620, in: Věstník České Akademie věd a umění , Jg.50, Nr.2 (Praha 1942)

Zusammenfassung der Information:

...Alle Leute fühlten die Bodenbewegung, die Sitzenden stärker, 4 Beben während der Nacht. Während des zweiten Bebens fiel an manchen Stellen Stuck herunter. Das vierte Beben war schrecklich. Es war mit starkem Geräusch begleitet. Die Turm-Wächter fielen fast von den Bänken. Ziegel fielen aus der Giebelfront des Rathauses. Auch aus dem Kamin der Schule von Vysoký brachen Ziegelsteine heraus. Nachbeben wurden gefühlt, besonders am Dienstag. Quellengattung B

NOWINY NESSTASTNÉ Z HORY GUTNY, kteréž se staly den Sstědrého weczera z dopusstěnij Božijho nynij při konci roku 90. Prwnij, o ohni, kterýž se stal w sobotu před čtwrtau nedělij adwentnij. Druhé, O zbořenij dwau sstijtu z domu pana Zykmunda Ssteysska, též w Hory Gutny. Při tom o zmordowaných lidech, jichž se nasslo, w počtu jedenmecijtma osob, kterýž od zemětřesnij, a od týchžsstijtu zahynuli a mnozí raněnij odtud zdobejwáni. Kdo bude bedliwě čijsti wsseho se viceji dočte. Jan Filoxenes Jitčinskij wytlačil.

Zusammenfassung der Information:

Das Flugblatt aus dem Archiv von Strahov berichtet vom Einsturz von 2 Giebelwänden eines Hauses in Kutná Hora, wobei 21 Menschen getötet wurden. Quellengattung D

JAHODKA Matěj z Chrudimě: Zialostné Sepsánij o Novém Země Třesenij

Zusammenfassung der Information:

Mehrere Male gefühlt, auch am 3.Tag. Quellengattung E

Archiv des Geophysikalischen Institutes der tschechoslowakischen Akademie der Wissenschaften, Praha–Spořilov, Privatsammlung Michal

Zusammenfassung der Information:

Es schien so, als ob die Häuser zusammenfallen würden wegen der starken Schwingungen. Quellengattung E

LEIPZIG/DDR

SIEBERG: Erdbebenkatalog Deutschlands: "schwach"

HEINKE, C.: Über Erdbeben in der Lausitz, in: Oberlausitzer Heimatzeitung 2 (1923) 208-209

Ein starkes Erdbeben (in Leipzig, Mähren und Österreich) wird vom Jahre 1590 gemeldet. Quellengattung E

LINZ/ÖSTERREICH

TEPLÝ, F.: Dějiny města Jindřichova Hradce I, část 2 (1927) und II, část 3 (1934) 321,405

Zusammenfasssung der Information:

Band I, 405: Ein schreckliches Erdbeben in Tábor, wie nie zuvor; kurz vor dem Schock (Stoß) wurde ein tiefer Ton gehört. Die Wirkungen waren in Linz schlimmer, wo Türme einstürzten. Quellengattung E

LITOMĚŘICE/LEITMERITZ/ČSSR

KÁRNÍK, V., MICHAL, E. und A. MOLNÁR: Erdbebenkatalog der Tschechoslowakei: I=V

JEITTELES, Heinrich Ludwig: Versuch einer Geschichte der Erdbeben in den Karpathen- und Sudeten-Ländern, 301f.

Zusammenfassung der Information:

Zu Leitmeritz wurde dadurch die große Turmglocke in solches Schwingen gebracht, als wenn einer der stärksten Männer sie in Bewegung gesetzt hätte; alle Dächer krachten erbärmlich. Quellengattung E

KATZEROWSKI, Wenzel: Die meteorologischen Aufzeichnungen der Leitmeritzer Stadtschreiber aus den Jahren 1564 bis 1607. Ein Beitrag zur Meteorologie Böhmens (Prag 1886) 19 f.

15.September. Um 1/4 6 Uhr nachmittags Erdbeben.
16.September. Vor 1/4 1 Uhr nachts war ein starkes Erdbeben, so dass die Leute aus dem Schlafe gerüttelt, auf den Ring und in

die Gassen stürzten und verstört herumliefen. Auch in Mähren und Österreich soll man diese Erderschütterung verspüret haben. Quellengattung B

LUBAŃ/LAUBAN/POLEN

SIEBERG: Erdbebenkatalog Deutschlands: I=V

POL, Nikolaus: Jahrbücher der Stadt Breslau, hg. von J.G. BÜSCHING und J.G. KUNISCH, Zeitbücher der Schlesier, Band IV (Breslau 1825) 155

Zum Lauban in Ober Lausitz um 5 Uhr nach Mittag ist der Rathsthurm dermaßen erschüttert worden, daß die Seigerglocke drei Schläge gethan, daß mans überlaut gehöret, und die Leute nicht anders vermeinet, denn er wäre Feuer vorhanden. Kurz hernach erschüttert sich abermals die ganze Stadt gemächlicher; folgende Nacht um 1 Uhr so heftig, daß viel Leute aus dem Schlafe erwachet, weil die Häuser, Kammern und Bette schrecklich gezittert, und die Kirche dermaßen beweget worden, daß es alles gekracht, auch etliche Ziegel und Kalk vom Dache gefallen, daß man sich eines Einfalles besorget. Ueber fünf Viertelstunden ward abermals die ganze Stadt beweget. Quellengattung B

MEISSEN/DDR

SIEBERG: Erdbebenkatalog Deutschlands: "schwach"

EISEL, R.: Chronik verschiedener Naturerscheinungen

1590. Gera. Den 5.Septbr. ist ein großes Erdbeben allhier wie auch in Meissen gespürt worden. Quellengattung E

MLADÁ BOLESLAV/JUNGBUNZLAU/ČSSR

KÁRNÍK, V., MICHAL E. und A. MOLNÁR: Erdbebenkatalog der Tschechoslowakei: I=V-VI

JAHODKA Matěj z Chrudimě: Zialostné Sepsánij o Novém Země Třesenij

Zusammenfassung der Information:

Glocken und Turm-Uhren schlugen an. Quellengattung E

NAGY KANIZSA/GROSSKANIZSA/UNGARN

HULSIUS, Laevinus: Chronologia, hoc est brevis descriptio rerum memorabilium in provinciis hac adiuncta tabula topographica comprehensis gestarum usque ad hunc MDIIIC annum presentem: ex variis fide dignis authoribus collecta per Levinum Hulsium Gandensem (Nürnberg 1597) 39

Im Jahre 1590: Die Festung Kanizsa ist beinahe zur Hälfte eingestürzt.

Quellengattung B

WOLF, Johannes: Lectiones memorabilies et reconditas, Tomus 2 (Rheinmichel 1600)

Übersetzung:

Die Festung Kanizsa, die an der ungarischen Grenze liegt, stürzte zur Hälfte ein und tötete einen großen Teil der Soldaten. Es wird berichtet, daß Prag kaum erschüttert wurde. Nicht weit von Wien aber strömten die Felder schädlichen Geruch aus und die Erde war an manchen Orten von schwarzen Heuschrecken bedeckt, die, sobald sie zertreten wurden, einen furchtbaren Gestank verbreiteten. Dies geschah am 6.September des Jahres 1590. Quellengattung B

BENCSIK, Janos: Regi magyar földrengesek, Az idöjaras; Jg.V (1901)

Zusammenfassung der Information:

Im Jahr 1590 haben die Gefangenen der Festung Kanizsa im Durcheinander während des Erdbebens die neuerrichtete Stadt angezündet, welche bis auf einige wenige Häuser ganz abgebrannt ist. Quellengattung E

Wien, ÖNB Cod.8963 Fugger Zeitung fol.668r:

Die vergangene tag ist ein geschray hieher kommen, die vestung Canischa seye durch das erdbeben in grund versuncken, daß man schir nicht mer daran (glaubt), aber war soll es sein, daß gemelte vestung halb eingefallen, und darinnen vil kriegsvolcks verdorben. Quellengattung A

NAUNHOF/DDR

SCHULZE, H.: Chronik der Stadt Naunhof (Naunhof 1898)

1590, den 5.September Orkan und Erdstöße. Quellengattung E

NETOLICE/NETOLITZ/ČSSR

JIREČEK, H. rytíř ze Samokova: Královské věnné město Vysoké Mýto.(1884)

Zusammenfassung der Information:

Erdbeben gefühlt in Netolice. Quellengattung E

NÖRDLINGEN/BRD

CHRONIK DES LEMP: nach REINDL, Josef: Die Erdbeben Nordbayerns, in: Abhandlungen der naturhistorischen Gesellschaft in Nürnberg 15 (Nürnberg 1905) 265

Es hat auch im monat September zu Wien in Österreich umb 12-13 hujus mensis wie auch allhier zu Nördlingen und anderen orten mehr gespürt worden, grosse erdbeben geben, welche etlicher orten sonderlich grossen schaden gethan haben. Quellengattung B

NOVÉ HRADY/GRATZEN/ČSSR

BŘEŽAN, Václav: Životy Posledních Rožmberkú, 2 Bände (Praha 1985)

Übersetzung:

Bd.2, S.499: Erdbeben auf Nové Hrady. Vinzenz Hultzsporer, der Hauptmann, hat seinem Herrn über diese mächtige Gottestat folgendes geschrieben: Gnädiger Herr Herr! Ich melde Euer Gnaden, daß gestern um fünf Uhr die halbe Turmuhr (um 17 Uhr unserer Zeit) hier in Nové Hrady ein großes Erdbeben geschah (ich war nicht zu Hause, sondern am Svachowskyschen Hof, wo ich nichts gehört habe). Es soll so stark gebebt haben, daß im Schloß Euer Gnaden im großen Zimmer, dort, wo der Vorsprung aus gemeißeltem Stein ist, die Steine herunter gefallen sind. Dann in der Nacht um 12 Uhr (um 24 Uhr unserer Zeit) gab es auch hier ein großes Erdbeben, sodaß ich mit dem Gesinde voll Schrecken aus meinem Hause flüchten mußte. Auch Nachbarn sind aus dem Haus auf den Ring herausgelaufen. Dann nach einer Stunde und nach einer weiteren, hat es noch zweimal gebebt, aber nicht mehr so stark. Datum am Samstag nach der Erhöhung des heiligen Kreuzes. (16.9.) Quellengattung B

TEICHL, A.: Geschichte der Stadt Gratzen (Gratzen 1888) 70-71

Das Schloß wurde beschädigt - die steinerne Dekoration des Türrahmens stürzte herab, Leute verließen ihre Häuser. Quellengattung E

NOVÝ BYDŽOV/NEUBYDZOW/ČSSR

KÁRNÍK, V., MICHAL, E. und A. MOLNÁR: Erdbebenkatalog der Tschechoslowakei: I=V

JAHODKA Matěj z Chrudimě: Zialostné Sepsánij o Novém Země Třesenij

Zusammenfassung der Information:

Fürchterlicher Schock wie nie zuvor. Quellengattung E

NÜRNBERG/BRD

SIEBERG: Erdbebenkatalog Deutschlands: I=V

NÜRNBERGER CHRONIK: Anfang und ursprung der kaiserlichen reichsstadt Nürnberg, München; BSTB, Cod.bav.2064

fol.313: Den fünfften septembris umb mitternacht ist allhie ein erdbidem gewesen welches etlich thurn und heuser zimlich erschuttet, aber, Gott lob, ohne sonndern schaden abganngen. Dergleichen und vil erschröckliche erdbidem seind auch umb dise zeit in Behaim, Schleßien, Österreich und annderen landen, sondern zu Wien, da es sehr großen schaden gethan, gewesen. Quellengattung B

CHRONIK VON NÜRNBERG, Nürnberg Staatsarchiv, Handschrift Nr.433 (alte Nr.289) fol. 75/76

1590. Sambstag den 5.september umb mitternacht, zwischen 12 und 1 uhr, der kleinern, als die stern am himmel noch gestanden und der mond schon erschienen, auch ohn wind und ungewitter geweßen, hat sich alhier zu Nürnberg ein erdbeben erhoben, davon sich nicht vast alle thürne, sondern auch viel heuser, mit großen zittern erschotterten, welcher die leuthe mit großen schrecken erfahren, und gehöret haben, wie dann auch zuvor zwischen dem garauß und eins in die nacht, eben dergleichen erdbeben, doch etwas genädiger gehöret worden, welche alhier, Gott lob, glücklich abgangen sein, zu der brück hat sich der thurn auff dem Michelsberg also erschüttert, das sich daß glöcklein, so darinn hengete, sich selbsten bewegte unbd klangte, deßgleichen hat die glocken in der kirchen zu der brück auch zween anschläg in solchem erdbeben gethan. Quellengattung B

TERRA TREMENS (Nürnberg 1670)

nach: GIESSBERGER, Johann: Die Erdbeben Bayerns, 1.Teil, in: Abhandlungen der königlich bayrischen Akademie der mathematisch-physikalischen Klasse 29/6 (München 1922), 51

Dieses Erdbeben Anno 1590 den 5.September als der Himmel hell und still gewesen umb Mitternacht ist auch zu Nürnberg stark empfunden worden. Quellengattung E

NYMBURK/NIMBURG/ČSSR

KÁRNÍK, V., MICHAL, E. und A. MOLNÁR: Erdbebenkatalog der Tschechoslowakei: I=V

JAHODKA Matěj z Chrudimě: Zialostné Sepsánij o Novém Země Třesenij

Zusammenfassung der Information:

Fürchterlicher Schock wie nie zuvor. Quellengattung E

OLOMOUC/OLMÜTZ/ČSSR

JAHODKA Matěj z Chrudimě: Zialostné Sepsánij o Novém Země Třesenij

Zusammenfassung der Information:

Die Bevölkerung wurde erschreckt. Quellengattung E

CHRONIK VON OLMÜTZ: KRETZ, František: Kronika města Prostějova, Časopis vlastivědného musejního spolku v Olomouci č. 125 (Olomouc 1920) nach: KÁRNÍK, V., MICHAL, E. und A. MOLNÁR: Erdbebenkatalog der Tschechoslowakei bis zum Jahre 1956 (Praha 1957)

Zusammenfassung der Information:

Die Glocke des Plumlov-Tores begann mehrere Male während der Nacht anzuschlagen. Der Turm des Tores und einige Häuser wurden erschüttert...Das Beben wurde auch von Leuten während des Gebetes und während sie sich auf dem Platz versammelten in Olmütz gefühlt. Quellengattung E

PARDUBICE/PARDUBITZ/ČSSR

KÁRNÍK, V., MICHAL, E. und A. MOLNÁR: Erdbebenkatalog der Tschechoslowakei: I=V

JAHODKA Matěj z Chrudimě: Zialostné Sepsánij o Novém Země Třesenij

Zusammenfassung der Information:

Fürchterlicher Schock wie nie zuvor. Quellengattung E

PRACHATICE/PRACHATITZ/ČSSR

JIREČEK, H. rytíř ze Samokova: Královské věnné město Vysoké Mýto.(1884)

Zusammenfassung der Information:

Erdbeben gefühlt in Prachatice. Quellengattung E

PRAHA/PRAG/ČSSR

KÁRNÍK, V., MICHAL, E. und A. MOLNÁR: Erdbebenkatalog der Tschechoslowakei: I=V

Wien ÖNB Fugger-Zeitung Cod. 8963, fol.654v:

Auß Prag von 18.dito. Wir haben vergangnen sontag alhie vor nie erhöerte 3 grosse erdbedem gehabt, den ainen sontags zue abendts zwischen 5 und 6 uhren, den anderen hernach sontags inn der naacht, den dritten gegen dem tag. Die haben die heüsser dermassen erschittet, das vil leuth auß iren heussern inn die gassen herauß gelauffen, vermainde, das sie versinckhen mechten. So sollen auch inn der alten statt, über den platz gehende, inn der selben nacht, irer 6 mit wündtlichtern, und uf sie andrer 6 ein paar tragende, geuolgt (sein).

Und in einer anderen gassen, bey dem monschein, ein mann inn roth lanngen kleidern (so sich immerzue gegen der erden genaigt, alß samb er gellt aufklaubete), und er zue einem steinhauffen in der selben gassen khommen, ist er verschwunden, waß nun solliche poesagia guets mit bringen werde, ist dem lieben Gott wissendt, der wolle seinen zorn von uns gnedigelich abwenden. Quellengattung A

DISPACCI DI GERMANIA, Wien Haus-, Hof- und Staatsarchiv Fasc.17, Brief des Giovanni Dolfin vom 18.Sept.1590, 137

Übersetzung:

Am 15. dieses gegen Abend wurde hier zweimal hintereinander, kurz aufeinander folgend, ein Erdbeben gespürt, das in dieser Stadt nur sehr leicht war, aber gegen Mitternacht wurde dieses Erdbeben noch zweimal gefühlt, mit großem Lärm und Schäden an einigem alten Mauerwerk, das eingestürzt ist. Es blieb in vielen (Menschen) Angst, daß es zurückkehren könnte. Man hat die Ursache des Geschehenen auf die große Dürre, die es in diesem Jahr gab, wie sie seit Menschengedenken nicht mehr vorgekommen ist, zurückgeführt; die Weiseren haben es so betrachtet, daß es der reine Wille Gottes sei, der auf viele Art und Weise der ganzen Welt im Allgemeinen mit dem Zeichen der Hungersnot, der Feuersbrünste und Erdbeben, die gerechte Strafe Gottes gegen die Christen gezeigt hat. Quellengattung A

JAHODKA Matěj z Chrudimě: Zialostné Sepsánij o Novém Země Třesenij

Zusammenfassung der Information:

Die Bevölkerung wurde erschreckt, verließ die Häuser, Türme schwankten, Insassen der Gefängnisse schrieen erschreckt, Türmer riefen um Hilfe. Quellengattung E

PROSTĚJOV/PROSSNITZ/ČSSR

KÁRNÍK, V., MICHAL, E. und A. MOLNÁR: Erdbebenkatalog der Tschechoslowakei: I=V-VI

REMEŠ, M.: Zemětřesení na Moravě pozorovaná, Věstník klubu přírodověd. v Prostějově za r.1902, Jg.V, in: KÁRNÍK, V., MICHAL, E. und A. MOLNÁR: Erdbebenkatalog der Tschechoslowakei

Zusammenfassung der Information:

Die Turmglocken läuteten. Quellengattung E

SALZBURG/ÖSTERREICH

Übersetzung:

Archiv St.Peter, Handschrift 11. fol.690, Chronik von 1613

Übersetzung:

Im Jahre 1590 war am 15.September zur Zeit der Matutin ungefähr zur 12. Stunde hier in Salzburg ein so starkes Erdbeben, wie es bisher noch nie verspürt worden ist. Es war auch in Österreich spürbar, wo in Wien und auch in mehreren anderen Orten Häuser, Befestigungsanlagen und Türme zerstört wurden. Die Erde erhielt einen langen und tiefen Riß und große

Unglücksfälle folgten nach. Es war ein Vorzeichen für den folgenden Türkenkrieg. Quellengattung B

SENJ/ZENG/JUGOSLAWIEN

SALY, August: Földrengések Magyar-hazánk határain, különösen váro sunkban; történeti adatok és kéziratok nyomán. (A Pannonhalmi Szent-Benedekrendiek omi algymnáziumának tizedik programmja az 1859/60 évben) (Komárom 1860) 7

Zusammenfassung der Information:

Der Bauch der Erde hat sich in dem Maße erregt, daß die Umgebung von Bratislava, ebenso Zeng so sehr erschüttert wurde, daß zum panischen Schrecken der Leute die Wohnstätten verwüstet wurden. Quellengattung E

SLANÝ/SCHLAN/ČSSR

Archiv des Geophysikalischen Institutes der tschechoslowakischen Akademie der Wissenschaften, Praha–Spořilov, Privatsammlung nach E. Michal

KNĚZOVSKÝ, V.: Pamĕti z let 1578-1620 (Univ. Bibl. Prag)

Zusammenfassung der Information:

In Slaný zitterte die Erde mehrere Male, die Turmglocke des Rathauses wurde geschüttelt, ebenso andere Häuser. Quellengattung E

SOBĚSLAV/SOBIESLAU/ČSSR

KÁRNÍK, V., MICHAL, E. und A. MOLNÁR: Erdbebenkatalog der Tschechoslowakei: I=VI

BŘEŽAN, Václav: Životy Posledních Rožmberkú, 2 Bände (Praha 1985)

Übersetzung:

Bd.2, S.498f.: (Erdbeben) Am 29.Juni gab es in diesem Jahr erstmals ein Erdbeben.

An diesem Tag, nämlich am 15.September, gab es zum zweitenmal ein Erdbeben, und zwar in der Nacht dreimal, weswegen es Klagen und Furcht überall gab. Die Bewohner Soběslavs (21) haben ihrem Herrn auf Bechyně den folgenden Brief geschrieben:

Gnädiger Herr! Wir konnten nicht unterlassen, euer Gnaden über unsere große und schreckliche Furcht in Kenntnis zu setzen, in die uns unser lieber Herrgott wegen unserer großen Sünden gestern (14.9.) vor dem Abend und auch dann in der Nacht nach 5 Uhr (nach 23.15, d.h. um Mitternacht, was die Angaben aus dem zweiten Brief bestätigen) gesetzt hat. Dieses Erdbeben, das nicht nur an einem einzigen Platz oder in einem einzigen Haus geschah, kam ohne Wind in die ganze Stadt, so daß wir alle uns in großer Furcht befanden, welche wir und unsere Ahnen vorher nie kennengelernt hatten. Am Spital stand seit einigen hundert Jahren ein großes Kreuz aus Stein, welches umfiel. In der großen Kirche hat die Glocke von alleine geläutet. Und so, wie der Herr Gott seine Macht zeigen wollte und wie groß das Erdbeben war, können wir aus Furcht und Angst kaum schildern. Das alles ist so geschehen, als ob die Stadt schon (was der liebe Herrgott bewahren möchte) ins Verderben fallen sollte. Und es gab (Erdbeben) nicht nur in der Stadt, sondern, wie wir von Nachbarn hörten, auch im Feld (auf dem Land). In vielen Häusern wurden kleine Kinder aus dem Schlaf gerissen und weinten laut. In manchen Ställen (knarrten) die Fenster und Leisten, aus manchen Giebeln soll Kalk gerieselt sein und vieles andere mehr. (Worüber wir euer Gnaden, Unserem Herrn, die Meldung nicht machen konnten).

Datum in der Stadt Soběslav, um 7 Uhr am Samstag nach dem Feste der Kreuzeserhöhung, im Jahre ut supra (15.9.1590) Postscripta: Und so, gnädiger Herr, hat es noch beim Abschluß dieses Briefes ein großes Erdbeben gegeben. Die Turmwächter auf dem Turm riefen, daß sie dort aus großer Angst nicht bleiben können. Quellengattung B

CHRONIK VON SOBĚSLAV 1578-1752

KAMENICKÝ, J.: Výjimky z pamětní knihy soběslavské, Česká včela č. 34 (Praha 1834) nach KÁRNÍK, V., MICHAL, E. und A. MOLNÁR: Erdbebenkatalog der Tschechoslowakei

Zusammenfassung der Information:

...Der Hauptstoß erschreckte alle Leute, die nicht wußten, was sie tun sollten, alle Häuser wurden erschüttert, starker Schall, Fenster rasselten, ein Steinkreuz fiel vom Turm des Hospitals und brach durch das Dach. Die kleine Glocke vor der Uhr schlug an. Quellengattung E

TEPLÝ, F.: Dějiny města Jindřichova Hradce I, část 2 (1927) und II, část 3 (1934) 321,405

Zusammenfasssung der Information:

Ein schreckliches Erdeben in Soběslav, wie nie zuvor. Kurz vor dem Stoß wurde ein tiefer Ton wahrgenommen. In Häusern stoppten die Pendeluhren, Bilder verschoben sich, besonders in der Nähe des Flusses Nežárka. Quellengattung E

SOPRON/ÖDENBURG/UNGARN

ADATOK a szent-Ferenczrendiek történetéhez honukban. Szerzö ismeretlen (Religió I. és II. év) (Daten zur Geschichte des heiligen Franziskanerordens unserer Heimat) (Pest 1849/50), nach: Réthly, Antal: A Kárpátmedencék Földrengései (455-1918) (Budapest 1952)

Zusammenfassung des Information:

Das Erdbeben, welches am 5.September gewütet hat, hat zwar unsere Kirche und deren Turm nicht beschädigt, nicht so das Kloster, welches geborsten ist. Die eingestürzten Gewölbe der geöffneten Mauern benötigen eine gründliche Ausbesserung, welche jedoch auf das Jahr 1612 verschoben wurde. Quellengattung E

BENCSIK, Janos: Regi magyar földrengesek. Az Idöjaras, Jg.V (1901)

Zusammenfassung der Information:

Diese fürchterlichen und zerstörenden Erdbeben wüteten zwar nicht in unsere Heimat, jedoch so nahe an deren westlichen Grenzen, daß die Komitate...Sopron ebenfalls ihren Anteil an der Wiener Katastrophe abbekamen.

Quellengattung E

BRUCKNER, Gottlieb: Ödenburger Chronik, Bürger von Ödenburg, in: Az Idöjarar 1940, 187

Zusammenfassung der Information:

Ödenburg 1590, 16.September(!) hat es ein neuerliches Erdbeben gegeben, auch in Wien. Quellengattung E

STEYR/ÖSTERREICH

PREUENHUEBER[7], Valentin: Annales Styrenses samt dessen übrigen Historisch- und Genealogischen Schrifften, Zur nöthigen Erläuterung der Oesterreichischen, Steyermärkischen und Steyerischen Geschichten. Aus der Stadt Steyer uralten Archiv und anderen glaubwürdigen Urkunden, Actis Publicis und bewaerten Fontibus mit besondern Fleiß verfasset (Nürnberg 1740) 307

Den 29.sten Junii um 7.Uhr Abends, und wiederum den 15.Sept. Nachmittags vor 5.Uhr, bis um drey gegen Morgen, sind wie ander Orten mehr, also auch allhier zu Steyer, acht unterschiedene erschröckliche Erdbeben gespühret worden. Quellengattung B

STRENGBERG/ÖSTERREICH

PLESSER, Alois: Beiträge zur Geschichte der Pfarre Strengberg, in: Geschichtliche Beilagen zu den Consistorial-Currenden der Diözese St.Pölten 5 (1895) 145-279

[7] Der Zeitgenosse Wolfgang Lindners schildert die Ereignisse in Steyer und Umgebung aus der Sicht des Protestanten.

184: 1629, 22.October stürzte der Kirchthurm, welcher durch den Brand von 1583 und durch ein Erdbeben viel gelitten hatte, zusammen und tödtete zwei Personen; auch wurde das Häuschen der Schalnerin zerschlagen, die 20 fl. Entschädigung erhielt, worauf man im nächsten Jahre dasselbe ganz wegbrach. Quellengattung E

TÁBOR/ČSSR

JAHODKA Matěj z Chrudimě: Zialostné Sepsánij o Novém Země Třesenij

Zusammenfassung der Information:

Mehrere Male gefühlt, auch am 3.Tag. Quellengattung E

TEPLÝ, F.: Dějiny města Jindřichova Hradce I, část 2 (1927) und II, část 3 (1934) 321,405

Zusammenfasssung der Information:

Band I, 405: Ein schreckliches Erdbeben in Tábor, wie nie zuvor; kurz vor dem Schock (Stoß) wurde ein tiefer Ton gehört. Die Wirkungen waren in Linz schlimmer, wo Türme einstürzten.

Band II, 321: In Häusern stoppten die Pendeluhren, Bilder verschoben sich. Quellengattung E

TRNAVA/TYRNAU/ČSSR

ISTHVÁNFFI, Nicolaus Pannonius: Historiam de Rebus Vngaricis Libri XXXIV.

Übersetzung:

In diesen Tagen (nämlich im Jahr 1590) wurde die Erde an vielen Orten durch einen starken Stoß erschüttert, so daß in Wien, Bratislava, Trnava und an benachbarten Orten so wie auch in Illyrien und Zagreb und nicht weit vom Meer bei Zeng, nicht ohne erhebliche Zahl der Todesopfer, viele Gebäude einstürzten. Quellengattung B

ADATOK a szent-Ferenczrendiek történetéhez honukban. Szerzö ismeretlen (Religió I. és II. év)•(Daten zur Geschichte des heiligen Franziskanerordens unserer Heimat) (Pest 1849/50), nach: Réthly, Antal: A Kárpátmedencék Földrengései (455-1918) (Budapest 1952)

Zusammenfassung des Inhalts:

Umsomehr haben unseren Gebäuden die wütenden Erdbeben zwischen 1586 und 1602 geschadet. Namentlich jenes vom 5.September 1590, als um und in Bratislava und Trnava die Erde mit einer solchen Heftigkeit bebte, daß die bis zur Erschöpfung erregten Bewohner die Grenzlinien der Weingärten am Kapadberg in bedrohlicher Bewegung sahen, der Stadtturm ist an mehreren Stellen geborsten, das Gewölbe unserer Kirche eingestürzt und ein Großteil des Klosters zusammengebrochen. Allerdings sind das Allerheiligste der Kirche zum Hl. Johannes und der Turm unbeschädigt geblieben. Quellengattung E

TRUTNOV/TRAUTENAU/ČSSR

Archiv des Geophysikalischen Institutes der tschechoslowakischen Akademie der Wissenschaften, Praha-Spořilov, Privatsammlung nach E. Michal

Zusammenfassung der Information:

Gefühlt in Trutnov. Quellengattung E

VARNSDORF/WARNSDORF/ČSSR

KÁRNÍK, V., MICHAL, E. und A. MOLNÁR: Erdbebenkatalog der Tschechoslowakei: I=V Quellengattung E

VELKÉ MEZIŘÍČÍ/GROSSMESERITSCH/ČSSR

BRUNCVÍK, Václav Miletínský nach MICHAL, E.: Literatura o zemětřesení v Čechách do r. 1620, in: Věstník České Akademie věd a umění , Jg.50, Nr.2 (Praha 1942)

Kázánij o Země třesenij/ kteréž se stalo Létha dobijhagijcýho 1606 we Cztvrtek/ w Ochtáb Sv. Ondřege Neyprwněgssího z dustogných Legatuv a Aposstoluv Syna Božijho/ Pána a Spasytele nasseho Ježijsse Krysta. Složené ochotně a připsané wděčně Slovutné a Vysocewzáctné Opatrnosti Geho milosti Cýsařské Panu Rychtáři/ a Panu Purgmistru/ y Pánum Senatorum Města Wysokého Meytha/ Pánum Deffensorum Patronum a Ochráncum swým/ pro a skrze vijru a známost Syna Božijho Pana Gezu Krysta, dobrotiwě a laskawě příjzniwým. Od Kněze Wáclawa Bruncwika Miletinského. Léta 1607. Wytisstěno v městě Litomyssli. Andreas Graudenc. BRUNCVÍK, Václav Miletínskýnach MICHAl, E.: Literatura o zemětřesení v Čechách do r. 1620, in: Věstník České Akademie věd a umění , Jg.50, Nr.2 (Praha 1942)

Kázánij o Země třesenij/ kteréž se stalo Létha dobijhagijcýho 1606 we Cztvrtek/ w Ochtáb Sv. Ondřege/ Neyprwněgssího/ z dustogných Legatuv/ a Aposstoluv Syna Božijho/ Pána a Spasytele nasseho Ježijsse Krysta. Složené ochotně a připsané wděčně Slovutné a Vysocewzáctné Opatrnosti Geho milosti Cýsařské Panu Rychtáři/ a Panu Purgmistru/ y Pánum Senatorum Města Wysokého Meytha/ Pánum Deffensorum/ Patronum/ a Ochráncum swým/ pro a skrze vijru a známost Syna Božijho Pana Gezu Krysta, dobrotiwě a laskawě příjzniwým. Od Kněze Wáclawa Bruncwika Miletinského. Léta 1607. Wytisstěno v městě Litomyssli. Andreas Graudenc.

Zusammenfassung der Information:

...In Meziříčí regneten und fielen Ziegel vom Rathaus und von Giebelwänden (anderer Häuser). Quellengattung E

VELVARY/WELWARN/ČSSR

KÁRNÍK, V., MICHAL, E. und A. MOLNÁR: Erdbebenkatalog der Tschechoslowakei: I=VI

VACEK, F.: Paměti královského města Velvar (Praha 1884)

Zusammenfassung der Information:

Die Bevölkerung von Velvary wurde sehr erschreckt. Quellengattung E

VODŇANY/WODNAN/ČSSR

JIREČEK, H. rytíř ze Samokova: Královské věnné město Vysoké Mýto.(1884)

Zusammenfassung der Information:

Erdbeben gefühlt in Vodňany. In Vodňany und anderen Orten klangen die Glocken. Quellengattung E

WERDAU/DDR

SIEBERG: Erdbebenkatalog Deutschlands: "schwach"

EISEL, R.: Chronik verschiedener Naturerscheinungen

Am 5.Septbr. wurde in Werdau eine Erderschütterung wahrgenommen.

Quellengattung E

WROCLAW/BRESLAU/POLEN

SIEBERG: Erdbebenkatalog Deutschlands: "schwach"

WEINDRICH, Martin: Commentatiuncula de terrae motu pronunciata a Martino Weindrichio Professore Physices in Gymnasio Vratisl: Vratislaviae in Officina Typographica Georgii Baumanni, Anno 1591 (Breslau 1591), nach: MICHAL, E.: Literatura o zemétřesení v Cechach do 1620, in: Věstník České Akademie věd a umění , Jg.50, Nr.2 (Praha 1942)

Übersetzung:

Das Beben wurde in Breslau und benachbarten Orten beobachtet, aber nur in bestimmten Gebieten. Hölzerne Balken zitterten, auch die Wände der Häuser, Tische und Betten bewegten sich, es rumpelte. Quellengattung E

POL, Nikolaus: Jahrbücher der Stadt Breslau

Den 15. September ist das Erdbeben, welches zu Wien sonderlich an Häusern und Thürmen großen Schaden getan, auch zu Breslau um 12 Uhr des Nachts von etlichen vermerket worden. Quellengattung B

ZAGREB/AGRAM/JUGOSLAWIEN

HANTKEN, Max von Prudnik: Das Erdbeben von Agram im Jahre 1880, in: Mitteilungen aus dem Jahrbuche der kgl. ungarischen Geologischen Anstalt, 4.Band (Budapest 1882) 110

1590, September. Sehr heftiges Erdbeben. Dieses Erdbeben wurde von Ivan Kukuljevics erwähnt; er berichtet, dass 1590 nicht bloss die Umfassungsmauern von Medvegrad, sondern sogar die Zimmer und die Kapelle derart beschädigt wurden, dass die Burg unbewohnbar wurde. Quellengattung E

ISTHVÁNFFI, Nicolaus Pannonius: Historiam de Rebus Vngaricis Libri XXXIV.

Übersetzung:

In diesen Tagen (nämlich im Jahr 1590) wurde die Erde an vielen Orten durch einen starken Stoß erschüttert, so daß in Wien, Bratislava, Trnava und an benachbarten Orten so wie auch in Illyrien und Zagreb und nicht weit vom Meer bei Zeng, nicht ohne erhebliche Zahl der Todesopfer, viele Gebäude einstürzten. Quellengattung B

SPANGAR, András krónikája. Kassa 138, Band 13. Ruisz Gyula, Bábolna gyüjteséből nach RETHLY, Antal: A Kárpátmedencék Földrengései (455-1918) (Budapest 1952), ref.18

Zusammenfassung der Information:

...Erneut hat sich die Erde in Ungarn, in Bratislava, in Trnava, in Ortschaften der Provinz Illyricum (und) in Zagreb furchtbar bewegt, Schrecken unter der Bevölkerung hervorgerufen und Gebäudeschäden angerichtet. Quellengattung E

ZGORZELEC/GÖRLITZ/DDR

SIEBERG: Erdbebenkatalog Deutschlands: "schwach"

DIE HEIMAT, Beilage zu "Neue Görlitzer Zeitung", Jg.1929, Heft 12, 48

Am 15.September 1590 wurde wiederum in der ganzen Lausitz ein Erdbeben bemerkt. In Görlitz krachten die Mauern und die Häuser. Quellengattung E

ZITTAU/DDR

SIEBERG: Erdbebenkatalog Deutschlands: "schwach"

EISEL, R.: Chronik verschiedener Naturerscheinungen innerhalb Reusenlands und insbesondere der Umgebung Geras bis 1862

1590. Gera. Den 5.Septbr. ist ein großes Erdbeben allhier wie auch in Meissen gespürt worden. Auch in Zittau nach Müllers Geschichte der Lausitzer Theurungen. Quellengattung E

DIE HEIMAT, Beilage zu "Neue Görlitzer Zeitung", Jg.1929, Heft 12, 48

Am 15.September 1590 wurde wiederum in der ganzen Lausitz ein Erdbeben bemerkt. In Zittau bewegten sich die Glocken und erklangen. Quellengattung E

ZWICKAU/DDR

SIEBERG: Erdbebenkatalog Deutschlands: "schwach" Quellengattung E

ANHANG B : ZEITGENÖSSISCHE QUELLEN, ANNALEN UND CHRONIKEN ZUM ERDBEBEN 1590[1]

Leider liegen im 16.und 17.Jahrhundert nur spärliche und zumeist lückenhafte Biographien vor; besonders schwierig ist die Situation bei Personen nicht adeliger Herkunft, einer für damalige Verhältnisse wenig repräsentativen Gesellschaftsschicht. Weil aber die meisten Verfasser unserer Quellen zum Erdbeben von 1590 eben dem "bürgerlichen" Bereich entstammen, lassen sich nur zu einigen, als Wissenschaftler, Gelehrte und Politiker tätigen, genauere biographische Angaben machen. Nur bei wenigen ist eine differenziertere Quellenkritik unter Einbeziehung der Person, ihrer Bildung, ihres Standes, ihres Berufes, etc. und der damit in direktem Zusammenhang stehenden Bewertung des Erdbebens möglich.

ADATOK a szent-Ferenczrendiek történetéhez honukban. Szerzö ismeretlen (Religió I. és II. év) (Daten zur Geschichte des heiligen Franziskanerordens unserer Heimat) (Pest 1849/50), in: Réthly, Antal: A Kárpátmedencék Földrengései (455-1918) (Budapest 1952),

Zusammenfassung der Information:

Umsomehr haben unseren Gebäuden die wütenden Erdbeben zwischen 1586 und 1602 geschadet. Namentlich jenes vom 5.September 1590, als um und in Bratislava und Trnava die Erde mit einer solchen Heftigkeit bebte, daß die bis zur Erschöpfung erregten Bewohner die Grenzlinien der Weingärten

[1] Um den Aussagewert einer Quelle zu analysieren, ist es wichtig, neben einer Bestimmung der Quellengattung (tendenziös, nicht tendenziös, Augenzeugenbericht, Nacherzählung von Gehörtem) auch auf den politischen und gesellschaftlichen Hintergrund des jeweiligen Verfassers einzugehen. So ist mitzuberücksichtigen, wann und wo der Verfasser der Quelle lebte, welche Schul- bzw. Ausbildung er genoß, welcher Gesellschaftsschicht er angehörte, welchen Beruf er ausübte.

am Kapadberg in bedrohlicher Bewegung sahen, der Stadtturm ist an mehreren Stellen geborsten, das Gewölbe unserer Kirche eingestürzt und ein Großteil des Klosters zusammengebrochen. Allerdings sind das Allerheiligste der Kirche zum Hl. Johannes und der Turm unbeschädigt geblieben.

ARCHIV der Kirche St.Michael, Kammeramtsrechnungen für 1590 fol.71, 90v, 92v

1590: fol.90r, v: Ziegldeckher: Und nachdem durch die diß jars laider gehabte erdtbidem das khirchendach und thurn also zerschütt, das es die grosse notturfft solches abzutragen erfordert hat, wie mir auch nit weniger solches in volziehung zu bringen vermüg rathschlags hiebey aufferlegt worden, bezalt ich derowegen dem maister Hanß Lanng, burger und ziegl decker alhie, wegen verrichtung erster zelts abtragen, nach laut und inhalt seines ordenlich hierumb gefertigten außzugs 23 fl. 3 ß.

1590: fol.90v: Floßleut und Zimerman: Verrer hab ich zu pülz- und spreizung des thuern und khirchentachs umb flöß, laden, latten und anders holzwerch außgeben wie uolgt, und erstlichen khaufft ich denn 22.September von Michaeln Lanngen, floßman von Augspurg, ainen Augspurger floß vermüg geferttigter quittung per 10 fl.

1590: fol.90v: Item zalt ich Jacoben Mayr, flezern alhie, umb sechzig steichladen, jhe ain per 3 khreuzer, sechsundzwainzig lannge (fol.91) paumb zu achzehendt halben khreuzer und vier paumb, ain in denn andern per 10 khreuzer, welche man zu obgedachtem thurn und khirchendach gebraucht hat, laut quittung hiebey 11 fl. 2 ß. -d

1590: fol.91: Dem maister Augustin Enckh, burger und zimerman, hab ich von solchem Augspurger floß mit seinen gesellen aufzuzimmern und vilgedachten vom erdtbidnen zerschitten thurn und khirchendach zu pülzen und zu spreizen, auch für sein zeug und bemüheung, ut geferttigt außzugs hiebey entricht 11 fl. 4ß 4d.

1590: fol.92v: Maurer: Maister Anndreen Lechner, burger und stattmaurern alhie, habe ich wegen das er von dem 12.tag Nouembris bis auf 20.December durch seine maurergesellen und tagwercher bey villermelter pfarrkhirchen am thuern, als derselb durch die erdtbidmen zerschitt und zerbrochen worden, arbeiten lassen auch bemelte zeit (fol.93) vber, für sein maurmaisterszeug und mühe in allem vermüg seines lauttern außzugs bezalt 47 fl. 1ß. 6 d.

1595: fol.70: Außgab auf das gebew und besserung der khirchen, dessen thurn und derselben gehörigen heussern auch allerlay handtwercher.

Khupffer: Denn sibenundtzwainzigisten Aprill hab ich auf ratschlag hiebei mit No.26 dem edlen und vesten herrn Matheuß Prey, Römisch khayserlicher majestät etc. ratt und stattanwalt alhie zu Wienn wegen khupffers, welliches von ime zu bedeckhung S.Michaels thurn genomben worden, in abschlag bezalt sibennzig pfundt phening vermüg quittung mit No.27. Id est 70 fl.

BEYERLIN, Laurens Albert[2]: Magnum theatrum vitae humanae, hoc est rerum divinarum humanarumque syntagma, catholicum, philosophicum, historicum et dogmaticum, nunc primum ad normam polyantheae cujusdam universalis per locos communes juxta alphabeti seriem etc. dispositum, tom. 7 (o.O. 1656)

Infaustus admodum dies fuit septimus septembris anno 1590. Viennae in Austria, quo sub horam quintam vespertinam tam gravis eam terraemotum concussit, ut ipsum templum abbatiae scotensis, atque altare medium secuerit, turrim S.Steffani convulserit, et aliam in ponte versus rubram portam dejecerit, sub cujus mole homines septem, etaequi duo interierunt. Certe

[2] Beyerlin, Laurens Albert (Beyerlinck): gelehrter Schriftsteller, geb. am 12.April 1578 in Antwerpen, 1605 Domherr, Censor, Erzpriester und apostolischer Pronotar in Antwerpen, er starb am 7.Juli 1627 in Antwerpen.

vix ullum fuit in Civitate aedicium, in quo rima aliqua non apparuerit.

Übersetzung:

Der 7.September 1590 war ein unheilbringender Tag. In Wien, in Österreich, wo um die 5.Nachmittagstunde ein so schweres Erdbeben diese (sc.: die Stadt) erschütterte, daß es die Schottenkirche und den mittleren Altar zerstörte, den Turm von St.Stephan erschütterte und einen anderen an der Brücke am Rotenturm zum Einsturz brachte. Unter dessen Last starben sieben Menschen. In der Stadt war kaum ein Gebäude, an dem nicht irgendwelche Risse aufschienen.

BRENNER[3], Leopold: Historia cartusiae Mauerbacensis, nach Pez, Hieronymus: Scriptores rerum Austriacarum, 2.Band (Leipzig 1725) 365

Nam septimo Idus Septembris 1590 terra horrendum infremuit, concussisque imis visceribus diu multumque trepidavit: quo motu Ecclesiae turris, quae vastatione Turcica flammas propter altitudinem respuerat, stupendo cum fragore procubuit. Crepuerunt Ecclesiae atque ambitus fornices, Cellarumque parietes, atque muri extimi, qui olim ab incendio vitium acceperant, pro magna parte corruerunt: frustratis omnibus velut in momento sumptius, qui plus dimidio saeculo in restaurationem Monasterii sunt collati.

Übersetzung:

Am 8.September 1590 erzitterte die Erde in erschreckendem Ausmaße und nachdem das Innerste in sich zusammengestürzt war, bebte sie noch lange und stark. Durch diese Bewegungen stürzte der Turm, der seiner Höhe wegen in den durch die Türken verursachten Verwüstungen den Flammen widerstanden hatte, ein. Es stürzten Kirchen, Kreuzgänge, Rauchfänge, die Mauern der Zellen ein. Und die stärksten Mauern, die einst

---

[3] Brenner Leopold: Katäuserprior in Walditz in Böhmen, von 1678 bis 1692 Prior im Kloster Mauerbach bei Wien, wo er auch seine "historia cartusiae Mauerbacensis" schrieb.

vom Feuer schon beschädigt worden waren, fielen größtenteils in sich zusammen. Nach dieser Erschütterung und auch im Moment überwältigt, haben diese mehr als ein halbes Jahrhundert auf die Wiedererrichtung des Klosters verwandt.

BŘEŽAN, Václav[4]

Životy posledních Rožmberku, 2 Bände (Praha 1985)

Bd.1: Život Viléma z Rožmberka. Padesátní letopis, to jest poznamenání některých věcí pamětihodných pana Viléma z Rožmberka za padesáte a sedm let zběhlých, počítajíce od času narození téhož pána až do léta Kristova 1592

Übersetzung:

Das Leben Wilhelms von Rosenberg. Fünfzigjähriges Jahrbuch (Chronik), d.h. Aufzeichnungen von einigen denkwürdigen Ereignissen des Herrn Wilhelm von Rosenberg gerechnet von der Geburt dieses Herrn bis zum Jahre Christi 1592.

S.358: Zemětřesení v Čechách. 15.septembris země třásla se v sobotu před večerem dvakrát, což nebylo tak pozorno, jako když v noci též dvakrát velmi pozorně, an se všecko stavení hýbalo, krovové i kruntové, asi okolo dvú hodin zvečera (kolem 20.15 hod.) zatřásla se, a to po vší české zemi. A bylo náramně sucho, takže mnozí potoci přeschli.

Übersetzung:

Erdbeben in Böhmen: Am 15.September bebte die Erde am Samstag vor dem Abend zweimal, was nicht so bemerkenswert war, aber dann in der Nacht - auch zweimal - so bemerkens/ wert, daß sich alle Gebäude bewegt haben. Ungefähr um 2 Uhr

---

[4] Václav Břežan: Hofgeschichtsschreiber von Peter Vok von Rosenberg (1568-etwa 1618). Ursprünglich 5 Bände - die letzten beiden blieben erhalten. Die ersten drei Bände handeln über die ältere Geschichte der Familie Rosenberg, die letzten beiden sind der 12.Generation der Herren von Rosenberg gewidmet, dem Wilhelm (1535-1592) und dem Peter Vok (1539-1611).

abends (etwa um 20.15) und das in allen böhmischen Landen. Und es war sehr trocken, sodaß manche Bäche ausgetrocknet waren.

Bd.2: Život Petra Voka z Rožmberka. Letopisy osvíceného knížete a pána, pana Petra Voka Ursina z Rožmberka, posledního vladaře tohoto starobylého a slavného domu a rodu Rožmberského a předního velmože království českého.

Übersetzung:

Das Leben des Peter Vok von Rosenberg. Annalen des erlauchten Fürsten und Herrn, Herrn Peter Vok Ursin von Rosenberg, des letzten dieses alten berühmten Hauses und Geschlechtes der Rosenberg und des vornehmsten Magnaten des Königreiches Böhmen.

S.496: (Zemětřesení.) 29.junii zemětřesení bylo ten rok ponejprve.

S.498 f.: (Zemětřesení na Soběslavsku.) Toho dne, totiž 15.septembris, zemětřesení podruhé bylo a v noci potřikrát, pro něž stížnosti s hrouzou šly odevšad. Soběslavští svýmu pánu na Bechyni takto toužili listovně: "Milostivý pane! Pominouti toho jsme nikoli nemohli, abychom Vaší Milosti v známost uvésti neměli o velikém a přehrozném strachu, kterýž na nás milý Pán Buh pro veliké hříchy naše dne včerejšího (14.9.) před večerem a potomně této noci po páté hodině (Po 23.15, tedy kolem pulnoci, což odpovídá druhému časovému údaji z následujícího (Hultzšporerova) listu.) dopustiti ráčil. Nebo takové zemětřesení ne na jednom místě aneb v některém domě jest bylo beze všeho větru, ale téměř všecko město toho oučastno bylo a v velikém strachu jsme postaveni byli, čehož jsme jakživi i předkové naši neokusili. Na špitále byv veliký kamenný kříž od několika set let postavený, ten jest padl. Při velikém kostele tu se samo v jeden zvonec zvonilo. A tak, jak jest milý Pán Buh svú moc prokázati ráčil a jaké veliké zemětřesení bylo, pro velikú bázeň a strach téměř toho všeho vypraviti nemužeme. Nebo to tak všecko jest se dálo, jako by město již svú zkázu (čehož milý Pán Buh uchovati rač!) vzíti mělo. A netoliko aby to na městě bylo, ale jakž jsme v jistotě od sousedu zpraveni, že i v poli to jest se stalo. Děti pak malé v mnohých domích ze spaní tak velice zděšeny jsouce, velikým hlasem plakaly. V světnicích mnohých okna, lišty, z některých štítu vápno pršelo a tak mnoho jiného etc. Čehož jsme Vaši Milost, pána svého, oznámením tejna učiniti nemohli. Datum v městě Soběslavi v hodin 7 v sobotu po památce Povýšení sv. Kříže léta ut supra (15.9.1590) Postscripta (douška): A tak, milostivý pane, ještě když se toto psaní zavíralo, veliké zemětřesení bylo a hlásní na věži volali, že tam pro veliký strach býti nemohou." v sobotu po památce Povýšení sv. Kříže léta ut supra (15.9.1590) Postscripta (douška): A tak, milostivý pane, ještě když se toto psaní zavíralo, veliké zemětřesení bylo a hlásní na věži volali, že tam pro veliký strach býti nemohou."

Übersetzung:

(Erdbeben) Am 29.Juni gab es in diesem Jahr erstmals ein Erdbeben.

An diesem Tag, nämlich am 15.September, gab es zum zweitenmal ein Erdbeben, und zwar in der Nacht dreimal, weswegen es Klagen und Furcht überall gab. Die Bewohner Soběslavs (21) haben ihrem Herrn auf Bechyně den folgenden Brief geschrieben:

Gnädiger Herr! Wir konnten nicht unterlassen, euer Gnaden über unsere große und schreckliche Furcht in Kenntnis zu setzen, in die uns unser lieber Herrgott wegen unserer großen Sünden gestern (14.9.) vor dem Abend und auch dann in der Nacht nach 5 Uhr (nach 23.15, d.h. um Mitternacht, was die Angaben aus dem zweiten Brief bestätigen) gesetzt hat. Dieses Erdbeben, das nicht nur an einem einzigen Platz oder in einem einzigen Haus geschah, kam ohne Wind in die ganze Stadt, so daß wir alle uns in großer Furcht befanden, welche wir und unsere Ahnen vorher nie kennengelernt hatten. Am Spital stand seit einigen hundert Jahren ein großes Kreuz aus Stein, welches umfiel. In der großen Kirche hat die Glocke von alleine geläutet. Und so, wie der Herr Gott seine Macht zeigen wollte und wie groß das Erdbeben war, können wir aus Furcht und Angst kaum schildern. Das alles ist so geschehen, als ob die

Stadt schon (was der liebe Herrgott bewahren möchte) ins Verderben fallen sollte. Und es gab (Erdbeben) nicht nur in der Stadt, sondern, wie wir von Nachbarn hörten, auch im Feld (auf dem Land). In vielen Häusern wurden kleine Kinder aus dem Schlaf gerissen und weinten laut. In manchen Ställen (knarrten) die Fenster und Leisten, aus manchen Giebeln soll Kalk gerieselt sein und vieles andere mehr. (Worüber wir euer Gnaden, Unserem Herrn, die Meldung nicht machen konnten).

Datum in der Stadt Soběslav, um 7 Uhr am Samstag nach dem Feste der Kreuzeserhöhung, im Jahre ut supra (15.9.1590) Postscripta: Und so, gnädiger Herr, hat es noch beim Abschluß dieses Briefes ein großes Erdbeben gegeben. Die Turmwächter auf dem Turm riefen, daß sie dort aus großer Angst nicht bleiben können.

(Zemětřesení na Novohradsku) Vincens Hultzšporer, hejtman novohradský, panu vladařovi o témž mocném božím skutku takto napsal: "Milostivý pane, pane! Vaší Milosti oznamuji, že včera v pěti hodinách na pul orloji (V 17 hodin našeho času.) zde na Nových Hradech jest bylo veliké zemětřesení (ač já doma jsem nebyl; byl jsem na dvoře Svachovském, tam jsem nic neslyšel), tak velmi že se třáslo , že v zámku Vaší Milosti v veliké světnici, jak ten vejstupek z tesaného kamení jest, to kamení dolu

S.499: sházelo a střáslo. Potom v noci ve dvanáctne hodin (Ve 24 hodin našeho času.) tu jest také veliké zemětřesení bylo, že hruzou se vší čeládkou jsem z domu svého musel utéci. Tolikéž i sousedé z domu na ryňk jsou vyběhli. Potom po jedné hodině a po dvou ještě se jest dvakráte zatřáslo, ale ne tak hrubě. Datum v neděli po Povýšení sv. Kříže (16.9.)."

(Nové zemětřesení.) 18. dne téhož měsíce (září) také někteří znamenali a pocítili země pohnutí

Übersetzung:

Erdbeben auf Nové Hrady. Vinzenz Hultzsporer, der Hauptmann, hat seinem Herrn über diese mächtige Gottestat folgendes geschrieben: Gnädiger Herr Herr! Ich melde Euer Gnaden, daß gestern um fünf Uhr die halbe Turmuhr (um 17 Uhr unserer Zeit) hier in Nové Hrady ein großes Erdbeben geschah (ich war nicht zu Hause, sondern am Svachowskyschen Hof, wo ich nichts gehört habe). Es soll so stark gebebt haben, daß im Schloß Euer Gnaden im großen Zimmer, dort, wo der Vorsprung aus gemeißeltem Stein ist, die Steine herunter gefallen sind. Dann in der Nacht um 12 Uhr (um 24 Uhr unserer Zeit) gab es auch hier ein großes Erdbeben, sodaß ich mit dem Gesinde voll Schrecken aus meinem Hause flüchten mußte. Auch Nachbarn sind aus dem Haus auf den Ring herausgelaufen. Dann nach einer Stunde und nach einer weiteren, hat es noch zweimal gebebt, aber nicht mehr so stark. Datum am Samstag nach der Erhöhung des heiligen Kreuzes. (16.9.)

Neues Erdbeben: Am 18. Tag dieses Monats (September) wurde von einigen auch eine Erdbewegung verzeichnet und gespürt.

BRUNCVÍK, Václav Miletínský[5] nach MICHAL, E.: Literatura o zemětřesení v Čechách do r. 1620, in: Věstník České Akademie věd a umění , Jg.50, Nr.2 (Praha 1942)

Kázánij o Země třesenij/ kteréž se stalo Létha dobijhagijcýho 1606 we Cztvrtek/ w Ochtáb Sv. Ondřege Neyprwněgssího z dustogných Legatuv a Aposstoluv Syna Božijho/ Pána a Spasytele nasseho Ježijsse Krysta. Složené ochotně a připsané wděčně Slovutné a Vysocewzáctné Opatrnosti Geho milosti Cýsařské Panu Rychtáři/ a Panu Purgmistru/ y Pánum Senatorum Města Wysokého Meytha/ Pánum Deffensorum Patronum a Ochráncum swým/ pro a skrze vijru a známost Syna Božijho Pana Gezu Krysta, dobrotiwě a laskawě příjzniwým. Od Kněze Wáclawa Bruncwika Miletinského. Léta 1607. Wytisstěno v městě Litomyssli. Andreas Graudenc.

Zusammenfassung der Information:

...In Meziříčí regneten und fielen Ziegel vom Rathaus und von Giebelwänden (anderer Häuser)

---

[5] Pfarrer in Velké Meziříčí

CHRONIK VON BRÜNN des Rathsherrn und Apothekers Georg Ludwig, hg. von P. von Chlumecky (Brünn 1859) 26

1590. Den 29.Juny ist ein Erdbidem gewest um 3 und 4 Uhr Nachmittag, das sich der rathhaus tuern geschietert, und die Glocken bey S.Jacob bewegt, in der nacht um 1 Uhr wieder eins gewest.

Den 15.Septembris ist wieder ein Erdbidem gewest um 5 Uhr nachmittag, hernach in der nacht wieder um 1 Uhr, ist groß gewest das sich die Tüerm erschütert haben.

CHRONIK DES STIFTES SCHOTTEN, Collectio historico Monastica, tom.9 (1558-1607)

fol.395: Dem 5.September 1590 zu Wienn in Oesterreich, wie auch in Böhmen, Mähren und anderen orthen ist ein so erschröcklich erdbeben geweßen, daß viele häuser in der stadt und auf dem land beschädiget, und der Stephans thurm nicht ohne gefahr gebogen, im kloster Schotten etwelche gebäude und der thurm bey St.Michael eingeworfen.

CHRONIK VON OLMÜTZ

KRETZ, František: Kronika města Prostějova, Časopis vlastivědného musejního spolku v Olomouci č. 125 (Olomouc 1920) nach: KÁRNÍK, V., MICHAL, E. und A. MOLNÁR: Erdbebenkatalog der Tschechoslowakei bis zum Jahre 1956 (Praha 1957)

Zusammenfassung der Information:

Die Glocke des Plumlov-Tores begann mehrere Male während der Nacht anzuschlagen. Der Turm des Tores und einige Häuser wurden erschüttert... Das Beben wurde auch von Leuten während des Gebetes und während sie sich auf dem Platz versammelten in Olomouc gefühlt.

CHRONIK VON SOBĚSLAV 1578-1752

KAMENICKÝ, J.: Výjimky z pamětní knihy soběslavské, Česká včela č. 34 (Praha 1834) nach: KÁRNÍK, V., MICHAL, E. und A. MOLNÁR: Erdbebenkatalog der Tschechoslowakei

Zusammenfassung der Information:

...Der Hauptstoß erschreckte alle Leute, die nicht wußten, was sie tun sollten, alle Häuser wurden erschüttert, starker Schall, Fenster rasselten, ein Steinkreuz fiel vom Turm des Hospitals und brach durch das Dach. Die kleine Glocke vor der Uhr schlug an.

CLUVER, Johann[6] : Epistome historiam totius mundi a prima rerum origine usque ad annum Christi MDCXXX e DC amplius autoribus sacris profanisque ad marginem adscriptis deducta et historia unaquaeque ex sui seculi scriptoribus, ubi haberi potuerunt, fidelitur asserta (Lugduni Batavarum 1754), 744

Mox Vrbani VII. electionem (is Johannes Baptista Castanaeus erat) terrae motus insignivit, quo Austria, Moravia, Bohemia, intremuit; aestatisque siccitas prodigiosa, ut accensa velut igni flumina aquas anhelare viderentur.

Übersetzung:

Die Wahl des Papstes Urban VII. (der Johannes Bapista Castaneus war) kündete ein Erdbeben an, durch welches Österreich, Mähren und Böhmen erschüttert wurden. Es war im Sommer auch eine ungewöhnlich starke Hitze zu spüren, sodaß es schien, als würden die Flüsse, so als würden sie entzündet sein, ihre Wasser lechzen.

---

[6] Cluver, Johann: akademischer und praktischer Theologe, namhafter Historiker, geb. 16.Febraur 1593 in Crempe, gest. 25.Dezember 1633 zu Meldorf in Süderdithmarschen. 1613 Magister phil. in Rostock.

DISPACCI DI GERMANIA, Wien Haus-, Hof- und Staatsarchiv Fasc.17, Brief des Giovanni Dolfin[7] vom 18.Sept.1590, 137

Alli 15 di questo verso la sera due volte poco distanti l'una dall'altra fu sentito in questa città il terremoto ossai leggiermente ma verso la metà della notte susseguende si fece sentire altre due volte con strepito grande et con danno di qualche muraglia vecchia ch'e caduta, restando tuttavia timor in molti che possi ritornar a farsi sentir con attribuir loro la causa di questi accidenti non più occorsi in questi paesi di raccordo di persona alla siccità grande che s'ha havuto quest'anno se bene li più savi vanno considerande che sia volontà pura del Signor. Dio di voler mostrar per molte vie a tutto il mondo in generale con tante segni di carestia, d'infirmità, di morte, di guerre, d'incendie et di terramoti quanta sia la giustissima ira del Signor Dio verso il popolo christiano.

Übersetzung:

Am 15. dieses gegen Abend wurde hier zweimal hintereinander, kurz aufeinander folgend, ein Erdbeben gespürt, das in dieser Stadt nur sehr leicht war, aber gegen Mitternacht wurde dieses Erdbeben noch zweimal gefühlt, mit großem Lärm und Schäden an einigem alten Mauerwerk, das eingestürzt ist. Es blieb in vielen (Menschen) Angst, daß es zurückkehren könnte. Man hat die Ursache des Geschehenen auf die große Dürre, die es in diesem Jahr gab, wie sie seit Menschengedenken nicht mehr vorgekommen ist, zurückgeführt; die Weiseren haben es so betrachtet, daß es der reine Wille Gottes sei, der auf viele Art und Weise der ganzen Welt im Allgemeinen mit dem Zeichen der Hungersnot, der Feuersbrünste und Erdbeben, die gerechte Strafe Gottes gegen die Christen gezeigt hat.

Brief vom 25.Sept.1590

A Vienna il terramoto s'i fatto sentire il medesimo giorno de 15 che si e sentito que et cosi la medesima notte una di tal maniera

[7] Der aus einer venezianischen Patrizierfamilie stammende Giovanni Dolfin war Nuntius am Prager Hof

che non vi è stata casa che non si sia risentita et alcune ne sono cadute affatta con morte di diverse persone sendo caduti ancora diverse campanili et le torre principali hanno havuto danno notabile, ma quel che è peggio è ritornato a farsi sentir a 18 a 19 et a 20 in modo tale che hora dal spavento la serenissima regina Isabella et il serenissimo Ernesto con tutti li principali di quella città si sono retirate ad habitar nei giardini in picciole casuccie di legno fatte far in fretta, et quasi tutto il popolo o si è ritirato fuori della terra ovvero habitata nelle piazze larghe.

Übersetzung:

In Wien ließ sich das Erdbeben am selben Tag, nämlich dem 15. spüren und es wurde in derselben Nacht in solcher Art verspürt, daß es kein Haus gab, wo es nicht verspürt wurde und einige davon sind eingefallen, mit dem Tod verschiedener Personen (und verursachten den Tod verschiedener Personen). Es sind auch verschiedene Kirchtürme eingestürzt und verschiedene Haupttürme der Stadt (Befestigung) haben nennenswerte Schäden bekommen. Aber was übler ist, ist die Tatsache, daß es sich auch am 18., 19. und 20. in einer solchen Weise gezeigt hat, daß die Königin Elisabeth (verwitwete Königin von Frankreich) und (Erzherzog) Ernst mit allen Vornehmen dieser Stadt sich vor Schrecken in den Gärten, in kleinen Häuschen aus Holz, die in Eile gemacht wurden, zurückzogen und, daß fast die gesamte Bevölkerung sich entweder vor die Stadt geflüchtet hat oder auf den großen Plätzen sich aufhielt.

FUGGER-ZEITUNGEN, Wien Österreichische Nationalbibliothek Cod. 8963

fol.458v:

Auß Wien vom 30.juni 1590. Auf gestrigen S.Petri und Pauli tag, zue abendts zwischen 5 und 6 uhren, hat es alhie einen starcken erdbidem gehabt, den leuten grossen forcht und erschröcken gemacht, dieselbige an etlichen orten auch stüel und bänckh empor gehoben, die fenster und heüser gewaltig erzüttert, das wasser inn schäfferns und krüegen außgeschwembt, die iungen kindtlen inn der wiegen erweckt und erschröckt, etlich allte leüth hollten es für ein praesagium eines gueten wolfailen fruchtbaren jars, und darauf (wie etwan vor jaren auch geschehen) eines starken sterbens.

fol.654r:

Auß Wien von 16.septembris 1590. Wie übell es heut nacht hie, durch einen erdbedem gehauset, kann ich dir nicht verhalten, welcher gesteren nach mitag umb 5 uhren seinen anfang genommen, die heusser allenthalben inn der statt dermassen erschittert, die leuth darinn und anders empor gehoben, vmb mitternacht aber etliche heusser gar eingeworffen, etliche personen erschlagen und St.Steffans, St.Michaels, zue unser Frauen kirchen und thurn, vil ziegel und grosse stückh von sich geworffen. Deßgleichen von deß keyßers burg knöpf, stain, stuckh, ziegel und rauchfäng ettliche zerspalten und abgehebt, die taach noch uf einander kleben und stehn bliben, Got weist, wie es noch geeth. Bey mir hats die Schottenkirchen schier halb eingeworffen und ist eben ein grosser schröckhen under dem volckh geweeßen und anderst sich nicht ansehen lassen, alß welle der jüngste tag khomen. Hat vmb vil tausent Gulden schaden gethan, nach mitternacht vmb 2 uhren hat es wider ein erdbedem gehabt, aber nit mer so schreckhlich, es sein die leüth auß den heüßern vf die gassen geflohen und die halbe naacht, nach mitternacht, allenthalben empor gangen. Und soll ein gelertter mann (dessen namen nit benant), weißgesagt haben, es werde ein noch vill schreckhlicher erdbeden baldt hernach khommen, Gott welle sich unser gnedig erbarmen.

fol.654v:

Auß Prag von 18.dito. Wir haben vergangnen sontag alhie vor nie erhöerte 3 grosse erdbedem gehabt, den ainen sontags zue abendts zwischen 5 und 6 uhren, den anderen hernach sontags inn der naacht, den dritten gegen dem tag. Die haben die heüsser dermassen erschittet, das vil leuth auß iren heussern inn die gassen herauß gelauffen, vermainde, das sie versinckhen mechten. So sollen auch inn der alten statt, über den platz gehende, inn der selben nacht, irer 6 mit wündtlichtern, und uf sie andrer 6 ein paar tragende, geuolgt (sein).

Und in einer anderen gassen, bey dem monschein, ein mann inn roth lanngen kleidern (so sich immerzu gegen der erden genaigt, alß samb er gellt aufklaubete), und er zue einem steinhauffen inn der selben gassen khommen, ist er verschwunden, waß nun solliche poesagia guets mit bringenwerde, ist dem lieben Gott wissendt, der wolle seinen zorn von uns gnedigelich abwenden.

fol.656r:

Auß Prugg in Österreich ob der Enns, 19.september 1590. Verschinenen sambstags den 15. diß abendts umb 5 uhr, ist alhie abermals ein erdbidem gehört, gleichwohl anfangs von wenig leüten war genommen worden, doch haben wir solliche in unseren hauß zimlich gespürt, und nachmals umb 6 uhr noch vil merers, wie ich dann herunder im hauß auf einer banckh sitzendt etliche zeitung ablesend empfunden, sich dermassen erschüttett, daß mir die schrifften beynahe auß der hand gefallen weren. Hernach aber umb 12 und dann 1 uhr inn der nacht, sonderlich ain viertel stundt vor 1 uhrn, hat sichs vil mer und schröcklicher erzaigt, so vast 1/2 viertel stund continuiert, das die erden alle heuser und was darinnen dermassen erschüttert, daß wer schlaffendt gewest, gewißlich ermuntert worden und inn den zimmern ein solliches raßlen gewest, als wollte alles einfallen. Solliches ist hie herumb aller orten, so vil man noch erfaren mögen, gesehen und gehört worden, nit allein inn den heüsern, sondern auch auf freyem veldt, inn hölzern und wäldern, daß sich die bäum und wurtzeln erhebt und gekracht haben, dergleichen inn disen lannden nie erhört, wie sich dann vor 6 wochen dergleichen auch erzaigt, also daß sich die türner zu Welß ab dem thurn begeben müssen. Seind also etliche tagen wol von 6 erdbidem inn diser zeit erhört und wargenommen worden.

fol.668r:

Auß Wien vom 23.september 1590. Wellichermassen auf 15.und 16.diß, bey tag und nacht, erschrockenliche erdbidem sich in hiesiger statt erzeigt, das ist vor 8 tagen angezaigt worden. Seider haben sich auf 18. 19. und 20. diß abermals, iedoch klaine erdbidem mercken lassen, die hat man allein am zittern der fenster gespürt, wenig heüser befinden sich inn der statt, die von den ersten beiden erdbidem nit ersch(n)ollen und große riß bekommen haben, deren man etliche spreisen und leer verlassen müssen, welches under dem volckh grossen schrecken und forcht gemacht, deßwegen auch die fürstlich durchlaucht erzherzog Ernst, also auch die königin von Frankhreich (Elisabeth, Tochter Kaiser Maximilians II.) sich aus der stat und inn des Oster maiers gartten begeben, sonsten die fürnembsten herrn und frauen auch auss der statt hinauß inn die gärten und lustheüser geflohen, fliehen auch teglich noch mer hinauß, dieweil ain gemeine sag außkhommen, es habe ein gelerter mann prophezeyt, dass inn 4 wochen die stat Wien gar undergeen solle.

Die erdbidem haben sich auch ausserhalb hiesiger statt an mer ortten erzaigt, als zu Baden, Neustatt und sonsten, ja zue Dreßkirchen, 4 meil von hinnen, den 16.septembris 30 heußer eingeworffen und etliche personen erschlagen.

Dem herrn Jerger sollen gemellte erdbidem ein gar neugebautes schloß eingeworffen haben.

Der gewaltige schöne S.Steffans thurn befindet sich dermassen zerrissen, daß kein stein mer recht aufm andern stett und wann der nit so voll eisener stangen und mit bley verrent auch eingegossen, weere er gewißlich gar eingefallen, wie er dann auf einer seiten hangt und daruon stueckh zwanzer centner und mer schwer herabgefallen, disen thurn wollt man gern abtragen lassen, sollen sich iedoch die werckleüth und maurer nit vndersteen zurüsten, da es aber ie müglich were, sollichen thurn widerumb zu reparieren, wie er zuvor gewest, schetzt man den uncosten auf 300.000 fl.

Die gastgeb Zur gulden Sunnen, nit weit vom Roten Thurn, hat der erdbidem eingeworffen, darinnen 5 kaufleuth erschlagen. Nemlich 2 von Rosenheim auß Bayrn und 3 von Linz, welliche (alß man sagt) bis in 25.000 fl. bey inen gehabt. Die gastgeberin, samt irer töchtern und 2 dienstmägden auch erschlagen, der gastgeb aber inn einem hembdt daruon gesprungen, der haußknecht (wellicher allein in einem thürmb oder ercker gelegen und mit ime umbgefallen), ist unverruckt in seinem bett bliben und kain laid geschehen.

Die vergangene tag ist ein geschray hieher kommen, die vestung Canischa seye durch das erdbeben in grund versuncken, daß man schir nicht mer daran (glaubt), aber war soll es sein, daß gemelte vestung halb eingefallen, und darinnen vil kriegsvolcks verdorben.

fol.668r:

Auß Prag vom 26.dito. Wellicher gestallt es mit etlichen zue Wien eruolgten erdbidem ganz erschrockenlich zugangen, werdt ir zweifelsohne von darauß vernommen haben, alhie haben sich auch zum fünfften mal erdbidem mercken lassen, jedoch, Gott sey lob, gnedig abgangen. Sonst schreibt man, das erdtrich hab sich an etlichen orten vnderhalb Wien gewaltig aufgethan, daraus sey so grosser gestanckh gangen, daß niemandt über sollichen bleiben künnen.

fol.670r:

Auß Wien vom 24.septembris 1590. Von newen erschröckenlichen zeitungen habt ir sonder zweifel von disem laider vernommen, man kans aber so grob nit schreiben, noch sagen, ist es doch vil schröcklicher, unmöglich außzuesprechen, was grosse forcht im volckh ist, sollen inn 28 schlösser umb die statt herumb und der Thonau hinauf, eingeworffen oder gefallen sein, welliches alles uf 15. dito fürgangen, dann wir innerhalb 8 stundten 5 erdbidem nach einander gehört, der erste umb 12 und 1 uhr, inn der naacht geweeßen, der dan grossen schaden an thürmen, heüsser und menschen gethan, hernacher widerumb anndere, bey naach und tagszeit auch gehabt, die gleich wol ohne sonderen schaden gnädig abganngen.

Alhie haben wir schier keinen kirchenthurn, der nit thailß eingefallen, gleich wol St.Steffans thurn noch steet, der aber sehr schaden gelitten, auch vil grosser staynen stuck sich erhoben, und herab gefallen, wellichen man inn 8 claffter abgetragen und widerumb erbawen würdet, dann er aller rogel und krum, aber S.Lorentzen bein Schotten, wie auch St.Michael, biß uf die uhr, der Jesuiter kirchen samb alles eingefallen, gleichfalß die Gulden Sonnen, maistenthails zuerthremmert und woll inn 9 personen daselbsten umbkhommen, welliche noch biß dato nit alle gefunden worden.

In summa, es ist schier kein hauß inn der gantzen statt, so nit zerkloben und erbrochen, sonnderlich an gemeuren, es ist so ein grosser schröckhen vnnder dem volckh, so wol reiche, alß arme, daruon nit zue schreiben; dann der maiste thaill aller ausserhalb der statt, ligen inn den gärtten und weitten feldt, thails auch inn der statt auf den plätzen, man sagt noch von grösserem unglück, so inn kürtz über die statt Wienn ergehn solle, der allmechtig Gott welle solliches gnädig fürkhommen. Gestern hat man alhie bey unß procession gehalten, darbey sich der ertzhertzog Ernst und die königin vonn Franckhreich wittibin, sambt allen pfaffen und Jesuitern befunden und inn allen fürnembsten kürchen meeß gehalten, welliches wegen der erdbidem angestelt geweeßen, daß Gott der allmechtig die straff gnädig welle abwenden.

fol.802r:

Auß Wien vom 13.october 1590. Diese wochen haben wir abermals 3 zimliche erdbidem allhie gehabt, doch ohne schaden abgegangen. Man muss noch teglich vil heüsser spreissen und bölzen, welche von verschinen grossen erdbidem schaden genommen haben.

fol.857r,v:

Wien vom 17.november 1590. Die erdbidem wellen alhie noch nit gar nachlassen, hat erst am montag den 12.diß inn der nacht zue 9 uhren, wiederumben einen starckhen erdbidem gehabt, und werden teglich noch mehr heusser gesprüssen und vnderbelczt mit nit klainer besorg, es würde der drite thaill hiessiger statt einfallen, wann es wiederrumben so starkhen erdbidem haben solle, wie anfangs.

HABERMANN-CHRONIK der Stadt Iglau. Státní oblastní archiv v Brně, Fonds G 13, Sammlung der Handschriften des historischen Vereins Nr.393 fol. 54 v und 55 r[8]

Erschreckliche neie zeuttung so zue Wien geschehennt. Denn 15. septembris zwischen 5 und 6 vhr nachmittag seintt zwa erdtpiewen gewest, das sich der Steffn tuerm bewegett hott, das vnntter der gossen ein groß werkhstukh von dem gesims herundter ist gefallen, hernach vmb 9 und 11 vhr hott sich wieder das ertwiwen ahngehebett und welche ihn dem gewelwern (= Gewölben) aber stilen (?) gelegen seindt, vermanetten es wer ier jingste (?) tag schon verhanndten, das sich also pewogen hott es ligennt (?) in der wigen und wor so ein groß praussen und saussen, das nicht zue glauben ist, entwetter er wor selbst darpey. Es hatt auch zum anttermall den Steffan tuerm viell hertte angegrieffen als vor, es sendt auch etliche stuck darvon abgefallen und ein stuck duerch des gewelb, welches in die kirchen gehen durch ein geflogen. Pey S. Lorentii hott es die spietz abgeschlogen fast pieß auf die gloken. Vonn S. Micheli hott es den tuerm ein gutt teull eingeworffen, angesehen das es alles miett pley und eisseren stangen verpuntten war. Der Jesuitten dum (? für Dom) hott es auch die spitzen eingeworffen. Der kirchen peim Schodtentor ist ein groß stuckh mauer eingefallen sampt dem tach, die stein ins gewelb ein groß loch geschlogen und in die kierchen hinob neben den tauffstein ge(worffen). Den kirchtuerm auf der stufen (Maria Stiegen?) pey vnnsser fraw hott (...) peschettigett on zweèn ordten von ausgehautten stein. Zue sanct Bernhart hott es auch den tuerm, der gleich (?) nuhr miett ziglen geteckt ist gewessen, ist enplest worden, sindt nuer die lotten stehett pliwen, es hott sich auch die spietz gar zum fallen geneigett. Ahn den heüssern in der statt hott es hien und wiedter merklichen schodten gethon, es ist auch das wiertshauß pey der sonnen, welches ein alten tuerm gehobtt hott, alles vm- und eingeworffen, dorinnen (?) die alt wierdin sampt ihrer mutter, welcher des gasthauß hot zuegeherett,

---

[8] Die Tinte der Handschrift ist ausgebleicht, durch eine frühere unsachliche Restaurierung ist die Handschrift beschädigt und schwer leserlich, daher die vielen unsicheren Lesungen.

auch 6 monspersson und 2 roß im stoll, vnntter des tuerms alles mietteinandter verschiedt, das mon fürhien miett grosser mie und grossen vnkosten zue ihnen kumen (?) ist, ob mon nun eines aber mer pey dem leben mecht findten, darauf doch kein hoffunch war wie es thon die erforung hott geben. In suma der schreken und jamer, so in diessem erdpiwen sindt gewessen, ist nicht genugsam auszuesprechen. Gott der allmechtige wolle sich vnnser erparmen und allen, und gnedig und parmherzig sein vmb seines lieben sun Christus.

HABERMANN-CHRONIK der Stadt Iglau. Státní oblastní archiv v Brně, Fonds G 13, Sammlung der Handschriften des historischen Vereins Nr.393 fol.55v

Am tag Petrij Paulij ist allhie ein erdpiwem gewest, welches man vorerst in der Annagossen gehertt hott, darnach ihn der Gentzergossen (?) auch Rossengassen und ab viellen ortten mer. Gott sei uns gnedig.

Den 15.septembris so ist abermall ein erdtpiwen gewest, ohngefer in der 23 stundt auch ihn der 24 stundt wiedterumb undt zwischen 6 undt 7 auch wiedterumb hott gewerett pies auf 9. Was aber Gott mitt uns im willen ist, steheth in seinen hendten.

Denn 18 septembris ist wietterumb ein erdtpiwen gewest.

Denn 19(?) septembris auch ein erdtpiwen gewest.

Denn 7 october wiedter ein erdtpiwen gewest.

Denn 13 octobris auch ein erdtpiwen gewest.

Denn 17 februarij (1591) auch ein erdtpiwen gewest.

Denn 21 februarij auch ein erdtpiwen gewest.

HEDERICUS, Johannes (Heidenreich)[9] : Oratio de Horribili et Insolito Terrae motu, qui recens Austriam vehementer concussit et aliquot vicinas regiones agitauit (Helmstadt 1591)

Aliud autem est, inter ea mala, quae quasi in Panegyre agminatim ingruunt, et inuicem sibi succedunt, de quo nobis peculiariter agendum est: nempe de ingenti et horrendo terrae motu, quo non tantum regiones vicinae superioribus septimanis concussae sunt et agitatae, sed et turres ac domus nobilißimae ciuitatis Austriae Viennae, praeter alia oppida, arces̄, vicus et pagos, deiectae et prostratae sunt. De eo cum tantum ex rumusculis nonnullis forte quaedam perceperitis, operae precium videtur, si res vt se habet, et a nobis, qui in vicinia illa fuimus, aliquanto certius explorata est, exponatur. Quare breuiter primum recensebo, quae de hoc insolito et prodigioso terrae motu, pro comperto habentur, et manifestius constant, partim quidem ex ijs, quae publice Olomuncij in Metropoli Morauiae vicina Viennae edita et mecum allata sunt, partim vero a nonnullis fide dignis ad praecipui nominis viros perscripta, et mihi tum praesenti exhibita sunt, qui in eadem vicinia si non simile ruinam et hiatum, tamen terrae tremorem et vibrationem, non sine ingenti trepidatione sustinuerunt, et qui hinc inde iter facientes coram aspiciunt quae acciderunt. Deinde postquam haec sine ambagibus et verborum inuolucris exposita fuerint, subijciam nonnulla, quae ad descriptionem et causas terrae motus pertinent, e quibus etiam aliquo modo, quid huiusmodi ostentum portendere videatur, colligi poterit. Ex ijsdem omnibus erit obuium, quantopere haec non solum scire, sed et probe expendere nostra intersit, et quae nobis necessariae commonefactiones inde petendae sint. Haec igitur quae simplicius, et nudis, quod aiunt verbis, a me exponentur auditores optimi, auribus optimis et beneuolis, quod mihi persuasum habeo, excipient.

---

[9] Hedericus, Johannes (Heidenreich): Geboren am 21.April 1542 in Lemberg in Schlesien, Student in Frankfurt/Oder, 1562 Mag., 1573 Doktor. Pastor in Iglau, Superintendent in Braunschweig, 1590 als Prof.theol. in Helmstedt tätig. Gestorben am 31.März 1617 in Frankfurt.

Ad XV.Septembris, noui quidem Calendarij, vicinis istis regionibus nunc vsitati: nostri vero siue veteris, ad V. eiusdem mensis, qui fuit Sabbathi dies, dominico proximus, hora ante occasum solis, integri nempe horologij XXIII. dimidij vero V. et VI. horis, non quidem vehementius succuti aut agitari, sed tamen euidentius tremere coepit tellus in Austria, Morauia, Bohemia, Misnia, Silesia et Lusatia. In cuius, quam vltimo, nominaui, tractu, primum in transitu meo quae acciderunt certius percepi, prope Görlicium, a pastore quodam, viro literatißimo, meo olim in ijsdem Musarum castris, siue Academia, commilitone et familiari, cui percontanti, nihil simile de hac nostra Saxonia, vel de Marchia, per quam iter tum susceperam, recensere potui. Haec ergo quae attigi, terrae motus initia, in locis istis extitere. At vero paucis interpositis horis, media nimirum nocte, quae subsecuta est, et paulo ante horam primam, cum omnia alioqui ratione tempestatum aeris superioris essent tranquilla, tum demum non solum terra contremuit, in tot prouincijs, quas nominaui, sed et vehementer concussa fuit. Ac inprimis tota Austria, eiusque Metropolis Vienna, vrbs alioqui munitißima, quae Germaniae nostrae aduersus hostes infestißimos hactenus, Dei beneficio, existit propugnaculum, horribili clade affecta est.

Nam primum in hac vrbe, fastigium maioris turris, in templo ad S.Stephanum, quod singulare illius ornamentum fuerat, adeo concussum est, vt lapides grandiores, arte excisi, magno impetu, per ipsius templi tectum delapsi sint, et idem fastigium ferreo tantum fulcro adhuc affixum dependeat. Totum igitur aedificium turris, tanta cum violentia commotum est, vt iam de illa penitus demolienda deliberetur, si modo facile reperiantur, qui periculum in deportandis lapidibus tuto subire velint et poßint. Nec tamen si quicquam tentabitur, in eo sine ingenti pecuniae summa, id futurum putatur. Ibidem quoque turris altera, ei contigua, in qua campana rarae magnitudinis pendet, est collisa. Deinde ad portam Scotorum, itidem turris non solum penitus deiecta est, sed et templum ei contiguum in medio collapsum, adeo ruinae propinquum est, vt etiam illud demoliendum esse censeatur...In alijs quoque, locis eiusdem Austriae similia ex illo terrae motu, multoties tunc recurrente, horrenda et tragica, imo prioribus etiam atrociora sunt consecuta. Nam in pago prope Viennam sito, cui nomen Hernalsi, templum, et quaedam aliae domus collapsae sunt. Idem genus calamitatis oppidum aliud, quod Dula nominatur, hoc tempore sustinuit. Vicus quidam, domino Giero subiectus, et Siegritzkirchen dictus, in hoc terrae motu, vna cum templo aedibus parrochialibus, et coemeterij muro concidit. Alius item vicus Pixendorff, ad Domini Ruberi ditionem pertinens, simili casu delectus est. His etiam pagus quidam nomine Pfaffensted accensetur. Iudenouij arx noua, sub Domino Helmardo Gorgero, vix ante triennium recens extructa, sub idem tempus cecidit. Alia praeterea quae Sitzbergum nominatur et Domino Iohanni Iacobo a Greiß propria est, tanta violentia commota et concussa fuit, vt nemini in ea amplius habitare liceat. Nec omnia quae nominatur loca nunc recenseo, in quibus ex tremoribus illis multa aedificia corruerunt, et homines aliquot morte improuisa perierunt, non pauci membris suis laesi sunt, ac plurimi, quorum domus collapsae fuerunt, in campis et sub dio miserabiliter incertis sedibus vagantur. Illud tantum addo penitus stupendum, quod quatuor milliaribus supra Viennam, moletrina quaedam ex aquis eleuata et in solum vicinum, idque siccum, fuerit translata. Quo in loco simul multitudo piscium ex succußione illa, ad littus eiecta est. Praeterea infra Viennam, terra dirupta et dehiscens, adeo grauem et pestilentem edidit vaporem, vt homines illi ob tantum foetorem diutius subsistere non possent. Hiatus ille, qui latitudine sua dicitur excedere spacium, quo rotae curruum dißident, adeo profundam reliquit voraginem, vt nemo abyssum illius scire poßit, ac nulli absque, periculo ibidem transire, aut iter facere liceat. Et haec quidem omnia in Austria, ad hunc modum sunt gesta.

De caeteris vero ei vicinis et contiguis regionibus, vt Morauica, Bohemica et alijs praesens cognoui, non quidem tantis concußionibus et ruinis arces, oppida, turres, vicus et pagos, in ijs concidisse, sed tamen omnia loca eo tremore, eaque vibratione agitata esse, vt manifestius nutare et ruinam minari visa sint. In ijsdem locis alicubi ex tremore et nutatione tanta campanae in turribus sonitum, non sine singulari omine suo ediderunt et praeter lectos alios cunae infantium in aedibus, vna cum parietibus et pauimentis ipsarum aedium agitatae sunt. Quod ad durationem attinet, non quidem, vt in Austria adeo vehementer et toties in caeterisquas nominaui regionibus, ille terrae motus deinceps fuit amplius animaduersus, sed tamen in quibusdam locis eiusdem indicia adhuc reliqua fuerunt, ad quae in mea peregrinatione vel post dies, XXII. vel post XXVII perueni.

Übersetzung:

Ein anderes aber gibt es unter diesen Übeln, welche gleichsam in einem Panegyrion nacheinander hereinbrechen und nacheinander folgen, über welches wir nun detailliert berichten sollen: Nämlich über das starke und Schrecken bringende Erdbeben, durch welches nicht nur die Gegenden Obersiebenbürgens zerstört und berührt worden sind, sondern es sind auch die Türme und Häuser der besonders vornehmen Stadt Wien, darüberhinaus auch andere Städte, Burgen, Dörfer und Gaue zerstört und dem Erdboden gleichgemacht worden. Über dieses (Erdbeben) habt ihr wohl schon aus einigen Berichten (Gerüchten) etwas gehört, der Lohn der Arbeit scheint aber zu sein, wenn die Sache, wie sie sich verhält und von uns, die wir davon betroffen waren (ihr sehr nahe waren) einiges, das als Richtiges herausgefunden ist, dargelegt wird. Deshalb möchte ich zunächst kurz berichten, was über dieses ungewöhnliche Erdbeben bekannt ist. Teilweise etwas aus dem, was in Olmütz, der Metropole Mährens, in der Nähe von Wien, herausgegeben und an mich gelangt ist, teilweise aber aus einigem, das von wahrheitsgetreuen und hervorragenden Männern niedergeschrieben und mir, dem "Erzähler" übergeben worden ist. Diese haben, wenn auch nicht in gleicher Stärke den Ruin und den Zusammenbruch, dennoch das Beben und Zittern der Erde, nicht ohne Furcht wahrgenommen. Und diese haben zunächst beobachtet, was geschah. Dann aber, nachdem dieses ohne Irrtümer und Unwahrheiten niedergeschrieben worden war, konnte einiges, das zur Beschreibung und zu den Angelegenheiten (zum Sachverhalt) des Erdbebens gehört, was jedenfalls aufzeigenswert erscheint, gesammelt werden. Aus allem diesem wird Ge-

gensätzliches zu entfernen sein, umso mehr, als wir dieses nicht nur wissen, sondern selbst dabei waren, und, was uns nötig und natürlich erscheint, anzuführen sein. Das aber was wahr und "nackt", wie die Worte sagen, von mir berichtet wird, sollen die ehrwürdigen Hörer wohlwollend aufnehmen.

Am 15.September, nach dem neuen Kalender, der in den benachbarten Gegenden nun gebraucht wird, nach unserem aber am 5. dieses Monats, begann am Samstag, eine Stunde vor Sonnenuntergang, nach der genauen Zeit in der Hälfte zwischen der fünften und der sechsten Stunde, nicht sehr stark, aber dennoch merklich, die Erde zu beben: In Österreich, Mähren, Böhmen, Meißen, Schlesien und der Lausitz. Unter diesen, die ich genannt habe, im letztgenannten Gebiet, habe ich auf meiner Reise nahe Görlitz von einem Pastor, einem äußerst gebildeten Mann, der einst mein Studienkollege und Freund war, erfahren, was geschah. Diesem aber, der sich erkundigte, konnte ich nichts Gleiches von uns in Sachsen oder der Mark, durch welche ich reiste, berichten. Das aber, was geschah, waren die Anfänge des Erdbebens in diesen Orten. Nach einigen Stunden, ungefähr zur Mitternacht der folgenden Nacht, ein wenig vor der ersten Stunde, als die Luft ganz ruhig war, da zitterte die Erde in der Gegend, die ich nannte nicht nur, sondern wurde heftig erschüttert. Und in Österreich wurde vor allem dessen Metropole Wien, die am besten befestigte Stadt, die wir in Deutschland gegen die Feinde haben und die mit Gottes Hand als Bollwerk besteht, schwerst getroffen. Denn in dieser Stadt wurde die Spitze des Turmes von St.Stephan, dem einzigartigen Wahrzeichen der Stadt, so schwer erschüttert, daß sehr große, von Künstlern mit großem Eifer bearbeitete Steine durch das Dach des Turmes stürzten und die Spitze hing herab. Das gesamte Turmgebäude ist so stark erschüttert worden, daß es beinahe abgetragen worden wäre, wenn leicht welche gefunden worden wären, die sich der Gefahr unterziehen wollten und konnten, die Steine zu entfernen. Dies wird allerdings niemand je ohne besonders große Bezahlung wagen. Dort ist auch ein anderer Turm, in der Nähe von diesem, in welchem eine besonders große Glocke hängt, eingestürzt. Dann ist auch beim Schottentor ein

Turm nicht nur ganz eingestürzt, sondern auch so nahe der Kirche, daß man auch diese wird zerstören müssen. An anderen Orten Österreichs sind ebenfalls infolge dieses häufig wiederkehrenden Erdbebens erschreckende, tragische und schwere Dinge geschehen. So sind im Dorf Hernals, das in der Nähe von Wien liegt, die Kirche und einige andere Gebäude eingestürzt. Dasselbe Unglück geschah auch in der Stadt, die Tulln genannt wird, zur selben Zeit. Im Dorf aber, das einem Herrn Geyer gehört und Sieghartskirchen genannt wird, sind gemeinsam mit der Kirche und dem Pfarrhof auch die Friedhofsmauer eingestürzt. Auch ein anderes Dorf, das zur Herrschaft des Herrn Rauber gehört, ist durch das selbe Geschehen zerstört worden. Mit diesen muß auch an den Ort Pfaffenstätten erinnert werden. Die neue Burg in Judenau, die vor kaum dreißig Jahren unter dem Herrn Helmard Jörger neu erbaut worden ist, ist ebenfalls gleichzeitig eingestürzt. Ein anderer Ort, der Sitzenberg genannt wird und zur Herrschaft des Herrn Johann Jacob von Greiß gehört, wurde so heftig zerstört, daß dort niemand mehr wohnen kann. Aber ich werde nun nicht alle Orte, die genannt werden, aufzählen, in welchen durch das Erdbeben viele Häuser eingestürzt sind und einige Menschen plötzlich starben. Nicht wenige haben Verletzungen an ihren Gliedern davongetragen und die meisten, deren Häuser eingestürzt sind, wohnen nun in unsicheren Häusern auf freiem Felde. Ich berichte auch von dem Wunder, daß vier Meilen oberhalb von Wien eine Mühle vom Wasser erfaßt an eine benachbarte Stelle getragen wurde und so trocken blieb. An dieser Stelle wurde auch infolge der Erschütterung eine große Menge an Fischen ans Ufer geworfen. Darüberhinaus stieß die aufgerissene Erde innerhalb von Wien einen schweren, pestialischen Geruch aus, so daß die Menschen ihn nicht ertragen konnten. Jener Spalt, dessen Ausmaß ein Spacium übersteigt, über welches Wagenräder sich hinwegsetzen könnten, hinterläßt bis heute einen so tiefen Schlund, daß niemand die "Tiefe" jenes fassen kann und keiner ohne Gefahr darüber hinweggehen kann oder darf. Und dies sind die Vorkommnisse in Österreich, wie sie geschehen sind.

Über andere aber, diesem benachbarte und angeschlossene Gebiete, wie Mähren und Böhmen und die anderen, weiß ich gegenwärtig, daß keine so starken Beben waren und die Burgen, Türme, Dörfer und Orte in diesen Gebieten nicht zerstört wurden, daß aber alle Orte von so starkem Beben und Zittern erfaßt wurden, daß sie von der Zerstörung bedroht waren. In diesen Gegenden haben infolge des Bebens an manchen Orten die Glocken in den Türmen, nicht ohne ein Vorzeichen, einen Ton von sich gegeben und in den Häusern wurden die Wiegen der Kinder - sowie die Mauern dieser Häuser bewegt. Was die Dauer betrifft, so war (das Beben) nicht so stark und auch nicht so häufig wie in den übrigen Regionen, die ich genannt habe, allerdings wurde das Beben weiträumiger verspürt. Aber auch in diesen Gegenden sind dessen Anzeichen noch heute vorhanden, welche ich auf meiner Reise ungefähr 22 bis 27 Tage später vorgefunden habe.

HULSIUS, Laevinus[10]: Chronologia, hoc est brevis descriptio rerum memorabilium in provinciis hac adiuncta tabula topographica comprehensis gestarum usque ad hunc MDIIIC annum presentem: ex variis fide dignis authoribus collecta per Levinum Hulsium Gandensem (Nürnberg 1597)

S.24: Anno 1590 die 5.Septembris ingens et horribilis Viennae fuit terrae motus, magno cum damno urbis.

Übersetzung:

Im Jahre 1590 am 5.September war ein starkes und schrekkenerregendes Erdbeben in Wien, das der Stadt großes Unglück brachte.

S.39: Anno 1590 arx Canysa ex media fere parte terrae motu eversa est.

---

[10] Hulsius, Laevinus: Geboren in Gent, verbrachte der Geograph und Mathematiker die Jahre 1590 bis 1602 in Nürnberg und ließ sich danach in Frankfurt/Main nieder. Er starb 1602 in Frankfurt/Main.

Übersetzung:

Im Jahre 1590: Die Festung Kanizsa ist beinahe zur Hälfte eingestürzt.

ISTHVANFFI[11], Nicolaus Pannonius: Historiam de Rebus Vngaricis Libri XXXIV. Nunc primum in lucem editi. Coloniae Agrippinae, Sumptibus Antonij Hierati (Köln 1622)

p.589, Zl.46-49: ...Per eos dies (videlicet anno 1590) terra vehementi impetu multis in locis tremuit; ita vt Viennae & Posonii, Tirnauiaeque, & propinquis locis, ac in Illyrico Zagrabiae, & non procul à mari Segniae non sine ingenti mortalium formidine, collapsis plerisque aedificiis moneretur.

Übersetzung:

In diesen Tagen (nämlich im Jahr 1590) wurde die Erde an vielen Orten durch einen starken Stoß erschüttert, so daß in Wien, Bratislava, Trnava und an benachbarten Orten so wie auch in Illyrien und Zagreb und nicht weit vom Meer bei Zengg, nicht ohne erhebliche Zahl der Todesopfer, viele Gebäude einstürzten.

p.589, Zl.49- p.590, Zl.14 ...Posonii vero etiam fortuitus ignis ex angiportu, in quo officinae fabrorum ferrariorum non procul a superiore vrbis porta habentur, meridiano tempore subortus, vsque ad eo immani violentia debacchatus est, vt praeter sacratarum Virginum Caenobium, templumque Diuae Clarae, eodem igne correptum ac concrematum, tota fere vrbs paucissimis domibus exceptis, populantibus terribili velocitate cuncta incendiis conflagraret. Mansit tamen intactum ope numinis templum maius Diuo Martino sacrum, & Franciscanorum sodalium collegium cum templo, ac domus Archiepiscopalis, cum

---

[11] Isthvanffi, Nicolaus Pannonius: Der 1528 geborene Isthvanffi stammte aus einem adeligen ungarischen Geschlecht. Er studierte in Padua und Bologna, war im Kriegsdienst tätig und wurde schließlich kaiserlicher Rat und Vizepalatin des Königreiches Ungarn. Er starb 1608.

sacello Diui Ladislai regis, ac praetorium vrbis, caeteris omnibus publicis priuatisque aedificiis eodem igne quamcitissime consumptis. Mox immanibus ventis, suburbana etiam aedificia, sub radice montis, cui arx imposita est, & attiguas versus solis ortum domos inflammauit, & momento temporis miserabili vastitate atque strage absumpsit. Quod si repentinum istud atroxque incendium nocturni temporis obscuritate erupisset, res & fortunas miserrimae vrbis longe maiore procul dubio cladis mole afflixisset, quando scilicet peruagantibus vbique summa rapiditare flammis non tam facile, vt interdiu, remedia ad restinguentum adferi potuissent.

Übersetzung:

In Bratislava ist tatsächlich auch eine Brandkatastrophe von einem Gässchen aus entstanden, und zwar bei den Schmieden unweit des oberen Stadttores. In den Mittagsstunden breitete sich das Feuer aus und wütete mit einer solchen Heftigkeit, daß das Nonnenkloster und die St.Clara-Kirche niederbrannten. Fast die ganze Stadt - mit Ausnahme einiger Häuser - ging mit erschreckender Geschwindigkeit in Flammen auf. Es blieb aber die Kirche des hl.Martin, das Kolleg und die Kirche der beschuhten Franziskaner, das Haus des Erzbischofs mit der Kapelle des ehrwürdigen Königs Ladislaus unversehrt, sowie auch der Hauptplatz der Stadt während alle anderen öffentlichen und privaten Gebäude äußerst schnell durch diese Feuer zerstört wurden. Bald aber entzündete es auch die Gebäude der Vorstadt (der unteren Stadt) am Fuß des Berges, an dem auch die Burg liegt, und auch die benachbarten Häuser gegen Sonnenaufgang und verzehrte sie in einem elenden Augenblick durch Zerstörung und Verwüstung. Was aber, wenn dieses heftige Feuer nochmals in der Dunkelheit der Nacht ausgebrochen wäre, es wäre ohne Zweifel das Geschick der unglückseligen Stadt noch durch eine weitaus größere Last des Unglücks erfaßt worden, wenn man den mit höchster Geschwindigkeit umsichgreifenden Flammen nicht so leicht, wie inzwischen, Löschmittel herbeibringen hätte können.

JESUITENCHRONIK, Wien Archiv der Jesuiten, Litterea Annuae Provinciae Austriae Tomus I 1589-1599, S.68

Totidem fere septembri mense post horribilem illam terrae concussionem, qua sibi quisque extremum vitae momentum adesse persuaserat, eadem sacramenta summa devotione frequentarunt.

Fuerunt inter hos generales plurimorum confessiones per multae etiam eorum, qui ante numquam conscienciae suae morbos confessariis plene aperuerant. Aliquot homines a sacrilegis aliisque impuris voluptatibus ad honestatem reducti. Dissensiones ex multorum animis exemptae, quas nisi industria nostrorum prevenisset, in mutuas caedes erupturae videbantur. Sublatae etiam inter varios coniuges discordiae, atque ad mutuam gratiam adducti. Celebrata quoque in aede nostra duplex processio. Altera dominico die infra octavam corporis Christi, cui preter innumerum procerum magnatumque multitudinem archiduces sex interfuerunt, hi consueta nobilium studiosorum salutatione et dialogo tempori accomodato, magna eorum satisfactione excepti sunt.

Altera a reverendissimo nostro ipsi divi Matthei apostoli pro avertendo terraemotu toti civitati indicta fuit, huic serenissimus archidux Ernestus et serenissima Galliae regina (quae alias in publicum numquam prodire consuevit) tanta pietatis significatione in mediis pluviis interfuerunt, ut spectatores omnes ad mitigandam Dei iram suo exemplo summopere inflammarint. Übersetzung:

Ungefähr ebensoviele nahmen im Monat September, nach dem schrecklichen Erdbeben, als sie glaubten, daß ihr letzter (Lebens-)moment gekommen sei, die Sakramente mit großer Ehrfurcht auf.

Es gab auch viele Generalbeichten, darunter sehr viele, die vorher niemals den Beichtvätern ihre Sünden dargelegt hatten. Viele Menschen wurden von Sünden und unreinen Begierden zu einem ehrenvollen Leben zurückgeführt. Meinungsverschiedenheiten wurden von so vielen entfacht, daß, wenn nicht der Eifer der Unseren zuvorgekommen wäre, sie wohl in gegenseitige Ermordungen ausgeartet wären. Nachdem aber die Streitigkeiten zwischen den verschiedenen Parteien beseitigt worden waren, wurden diese auch zu gegenseitiger Gnade veranlaßt.

Es wurde auch in unserem Haus eine zweifache Prozession abgehalten. Die eine am Sonntag nach Fronleichnam, bei der neben einer unzähligen Menge von Edlen und Magnaten auch sechs Erzherzöge teilnahmen, die nach der üblichen Begrüßung durch die vornehmen Studenten und nachdem ein Dialog über die Zeit stattgefunden hatte, mit großer Genugtuung von diesen aufgenommen wurden.

Die zweite (Prozession) wurde zu Ehren des heiligen Apostels Matthäus abgehalten, um die Stadt vom Erdbeben zu bewahren. An dieser nahmen der ehrwürdige Erzherzog Ernst und die Königin Frankreichs, die sich sonst niemals in der Öffentlichkeit zu zeigen pflegte, mit dem Zeichen so großer Frömmigkeit bei mittleren Regenfällen teil, sodaß sie durch ihr Beispiel die Zuseher veranlaßten, den Zorn Gottes mit aller Kraft zu besänftigen.

KREMSMÜNSTER, Archiv des Stiftes Kremsmünster CC Cim 3, fol.189v P. Leonhard Wagner.

In die Petri et Pauli factum est terrae motus, ut totum nostrum monasterium fuerit motum anno 1590.

Übersetzung:

Am Festtag Peter und Paul (29.Juni) im Jahre 1590 war ein so starkes Erdbeben, daß unser gesamtes Kloster erschüttert wurde.

LEITMERITZER STADTSCHREIBER

KATZEROWSKI, Wenzel: Die meteorologischen Aufzeichnungen der Leitmeritzer Stadtschreiber aus den Jahren 1564 bis 1607. Ein Beitrag zur Meteorologie Böhmens (Prag 1886) 19 f.

15.September. Um 1/4 6 Uhr nachmittags Erdbeben.

16.September. Vor 1/4 1 Uhr nachts war ein starkes Erdbeben, so dass die Leute aus dem Schlafe gerüttelt, auf den Ring und in die Gassen stürzten und verstört herumliefen. Auch in Mähren und Österreich soll man diese Erderschütterung verspüret haben.

LEMP

Chronik des Lemp: nach REINDL, Josef: Die Erdbeben Nordbayerns, in: Abhandlungen der naturhistorischen Gesellschaft in Nürnberg 15 (Nürnberg 1905) 265

Es hat auch im Monat September zu Wien in Österreich umb 12-13 hujus mensis wie auch allhier zu Nördlingen u. anderen Orten mehr gespürt worden, grosse Erdbeben geben, welche etlicher Orten sonderlich grossen Schaden gethan haben.

LINDNER[12]

SCHIFFMANN, Konrad (hg.): Die Annalen (1590-1622) des Wolfgang Lindner, in: Archiv der Diözese Linz. Beilage zum Linzer Diözesanblatt, hg. vom bischöflichen Ordinariat, Jg.VI/VII (Linz 1908) 9/10

30.Junii circa horam VI. vesperi tantus terrae motus fuit, ut totam inferiorem Austriam concusserit maximumque terrorem hominibus iniecerit ita, ut etiam campanas minores in turri Waidhofensi ad compulsum aliquot ictuum commoverit. De terrae motibus, qui eodem anno in mensi Septembri contigerunt, inferius intelliges sicut etiam de causis, ex quibus probabiliter crediti sunt exitisse...

---

[12] Der lateinische Schulmeister in Wien kam 1590 als solcher nach Waidhofen/Ybbs und 1603 in dieser Eigenschaft nach Steyer, vom Abt des Stiftes Garsten Anton Spindler berufen. Der Zeitgenosse Valentin Preuenhuebers schildert die Ereignisse vom Standpunkt der Gegenreformation.

Hic studio praetereo, quae alibi damna ex his tantis terrae motibus consecuta sint. Etsi manifesta Dei punitio fuit et praesagium futuri belli turcici, tamen fieri potuit, ut ex causis naturalibus suam originem sumpserit. Etenim, ut ante dictum fuit, in aestate per X fere septimanas continui maximique calores fuere, per quos terra ubique maximas scissuras et hiatus concepit, per quae aer et venti penetravere. Deinde mense Augusti per plurimos dies continuae et magnae pluviae consecutae sunt, ita ut etiam flumina mirum in modum excreverint magnaque inundatio aquarum insecuta est. Per quae omnia, ut postea quidam coniecerunt, spiritus in terrae visceribus interclusi, qui tandem exitum requirentes tanto fragore et tremore totam provinciam toties et tam graviter concusserunt. Sed pergamus iam ad alia.

Übersetzung:

Am 30.Juni war um die sechste Nachmittagsstunde ein so starkes Erdbeben, daß ganz Niederösterreich (Österreich unter der Enns) erschüttert wurde und höchste Furcht die Menschen befiel. (Das Erdbeben war so stark), daß es sogar die kleineren Glocken im Waidhofener Turm zu mehreren Schlägen brachte. Über die Erschütterungen, die im gleichen Jahr im September waren, wirst du weiter unten erfahren und auch über die Ursachen ihrer Entstehung.

Ich übergehe hier, welche Verwüstungen an anderen Orten durch die starken Erderschütterungen entstanden. Auch wenn es eine deutliche Strafe Gottes war und ein Vorzeichen für den folgenden Krieg gegen die Türken, so ist dennoch aus natürlichen Ursachen sein Ursprung zu erklären. Nämlich es war, wie gesagt wurde, im Sommer ungefähr zehn Wochen lang eine ungeheure Hitzewelle, durch welche die Erde mancherorts sehr breite Risse und Spalten erhielt, durch welche Luft und Wind eindringen konnten. Darauf folgten im August mehrere Tage andauernde Regenfälle, sodaß auch die Flüsse ungeheuer anwuchsen und deshalb eine große Überschwemmung folgte. Aus allen diesen Gründen, wie später einige glaubten, sind die "Winde" in die Eingeweide der Erde eingeschlossen worden, die deshalb dann einen Ausgang suchend, die ganze Gegend brüchig machten und häufig stark erschütterten.

LÖWENTHAL, Martin Leupold von: Chronik der Stadt Iglau (1402-1607), in: Mährische und Schlesische Chroniken, hg. von der mährisch-schlesischen Gesellschaft, Quellen-Schriften zur Geschichte Mährens und Österreichisch-Schlesien, 1.Sektion: Chroniken, 1.Teil (Brünn 1861) 186

Eodem anno (1590) den 15.September war ein Erschröcklich groß erdbeben fasst die ganze nacht allhie und in den vmligenden landen, deßgleichen auch das nechste iahr hernach. Eodem anno im Mertzen sein auch viel Chasmata am himel gesehen worden.

MEMORABILIENBUCH VON KUTNÁ HORA

Memorabilia 1589-1590, Archiv der Stadt Kutná Hora, Rukopisné zápisy o zemětřesení v Kutné Hoře dne 15. září 1590. (Archiv kutnohorský, kniha memorab. z l. 1589-1590, 015, 014, 022 p.v.; viz lit.:IV., V.) nach MICHAL, E.: Literatura o zemětřesení v Čechách do r. 1620, in: Věstník České Akademie věd a umění , Jg.50, Nr.2 (Praha 1942)

Zusammenfassung der Information:

...Alle Leute fühlten die Bodenbewegung, die Sitzenden stärker, 4 Schocks während der Nacht. Während des zweiten Schocks fiel an manchen Stellen Stuck herunter. Der vierte Schock war schrecklich. Er war mit starkem Geräusch begleitet. Die Turm-Wächter fielen fast von den Bänken. Ziegel fielen aus der Giebelfront des Rathauses. Auch aus dem Kamin der Schule von Vysoke brachen Ziegelsteine heraus. Nachbeben wurden gefühlt, besonders am Dienstag.

M.I.A.W.: Chronica oder Sammlung alter und neuer Nachrichten von den merkwürdigsten Erdbeben, sowohl wie sich solche seit der Schöpfung bis zu gegenwärtigen Zeiten in allen vier Theilen der Welt geäussert, als auch, was selbige für Ursachen zum Grunde haben (Wien 1764) 36

Zwey Jahre darauf, nämlich 1590 den 7. (17.) Sept. verspürete man ebenfalls dergleichen Erdbeben in ganz Ober-Ungarn, Mähren, Böhmen, Sachsen, Schlesien, und der Laußnitz, wie auch in Oesterreich, besonders aber zu Wien, allwo es dergestalt gewütet, daß kein Haus so stark gewesen, an welchem man von unten hinaus nicht einen Spalt gesehen. Die Schottenkirche barst mitten von einander, und wurde eingeworfen, das hintere Chor aber zerschellet, und der Altar gespalten, daß man die Kirche vollends abbrechen mußte. Vom St. Stephansthurme fielen durch die Erschütterung erstlich große Stücke herab; hierauf wurde er so sehr beweget, daß dessen Gipfel, so mit eisernen Stangen wohl verwahrt gewesen, sich niedergebogen, und gleichsam zum Fallen gesenket. Der Thurm an dem Schottenthore, die beyden Thürme auf der Jesuiten- und St.Michaelis-Kirche, fielen auch ein, und rissen nicht allein viele Häuser in Grund darnieder, sondern es wurden auch viele Menschen elendig unter dem Schutte begraben. Alle Stadtmauern, die Festungswerke, alle Kirchen und Häuser, waren beschädigt. Jedermann, vom Höchsten bis zum Niedrigsten, suchte sich bey diesem Unfall, so, wie er gieng und stund, zur Mitternachtszeit auf das freye Feld und in die Gärten zu retten. Viele Dörfer wurden gänzlich verwüstet, und 4. Meilen oberhalb Wien durch die Heftigkeit des damals empörten Gewässers eine Schiffmühle aus dem Wasser geprellet, und aufs trockene Land versetzet. Die ausgetretenen Flüsse aber ließen eine Menge Fische auf dem Lande zurück. Unterhalb Wien entstund damals aus einer sehr tiefen unergründlichen Erderöfnung ein stinkender Dampf, wegen dessen giftigen Gestankes man sich nicht hinzu nahen durfte; daher sich auch viele Menschen aus der dortigen Gegend geflüchtet.

MOLLER, A.P.: Theatrum Freibergense Chronicum, Beschreibung der alten löblichen BergHauptStadt Freyberg in Meissen (Freiberg 1653), 364

1590...Den 5.Septembr. Sonnabend nach Aegidii ist in gantz Meissen/ wie auch in den angräntzenden Ländern/ und ferner durch Ungarn biß Constantinopel/ ein schrecklich Erdbeben gewesen; zu Freybergk hat es unter andern den Petersthurm dermassen beweget, daß die Hewerglöcklein am Holtze angestossen/ und einen Schall von sich gegeben.

NEUBECK, Caspar: Zwo Catholische Predigen. Gehalten zu Wienn in Österreich/ in offentlichen versamblungen zum gemeinen Gebett/ wider die Schröckliche Erdtbidem/ so sich Anno 1590 den 15.September/ vnd nachmals vilfertig erzeigt haben (Wien 1591)

1.Predigt fol.1v - 2r: Wer ist aber vnter vns der nicht wisse/ was vns allesampt die Täg für ein schrecken/ angst vnd noth ankomen/ wie vnser GOTT mit dem Erschröcklichen Erdtbidmen/ vns streng und mächtig haimbgesucht/ solch vnglück vnd straffen vber vns verhengt/ dergleichen vnser keiner in seinem leben in disen landen gedenckt/ Dann keiner vnter vns zu sagen weiß/ das er in seiner Lebzeit/ allhie in Österreich solche Erdtbidem cum tali effectu, mit so grewlicher Macht erfahren/ alß wir am nechstverschinen Sambstag den 25.diß Monats Septembris zu Abends/ vnd volgendts in der Nacht gelitten haben/ Vnd zwar nicht allein Wir hie in der Stadt/ sonderlich auch das Landvolck/ fürnembst auff der Tullner Refier haben erfahren/ was Terrae motus/ die Erdbidem für ein erschröckliche straff Gottes seind/ durch welche die schöne Thürn/ Kirchen/ Heuser vnd nit nur Rauchfäng/ sondern vil stadtliche Gebew/ fürnemblich die Gewelber zerschüttelt/ zerrissen vnd zerspalten/ etliche gar ab vnd eingeworffen/ Leuth verfellt vnd erschlagen/ deren etliche Personen noch erst Gestern allhie begraben seind/ Vnd ist kaum ein Hauß hie in der Stadt/ das nit ein gedenckzeichen von disem Erdbidem empfangen/ Ja ein solche noth vnd schrecken hat vns ergriffen/ das keiner gewußt/ wo auß/ wo an/ vnd kein Mensch dem andern helffen/ oder einander trösten mögen...

1. Predigt fol.17v-18r: Die Erdtbidem so am nechstuerschinen Sambstag/ den 15. diß Monats Septembris/ auch auff den Abendt/ zum ersten mahl vmb 5.volgendts nach 6.vhr kommen/ Wer het sich deren besorgt/ wer het auch gemeint/ das hernach in der nacht/ sonderlich nach mitternacht/ ein so grewlicher erschröcklicher Erdtbidem/ deßgleichen man nicht liset/ bey etlichen hundert Jaren in disem Landt beschehen sein/ entstehen solte? Dann ob es wol die gantze nacht auß vnd alle

stundt Erdtbidmet hat/ so sind doch die maisten klein gewesen/ vnd (Gott sey danck) genedig abgangen. Aber der vmb Mitternacht/ het vns bald allesampt (Wann vns Gott durch seine liebe Engel nicht genedigklich behütet) den garauß gemacht/ in Bethen vnd in Schlaff/ gut vnd bös/ vnschuldigs mit dem schuldigen erschlagen.

2. Predigt fol.34v-35v: Sehet aber liebe Kinder Gottes/ vnd höret/ was etliche vnsere Christen/ für freche böse vnd Vnchristliche Reden treiben/ Was gehet mich der Erdtbidem an/ sprechen sie/ was soll ich mich darumb bekümmern/ das S.Steffans Thurn zu Wienn/ vom Erdtbidem so grossen schaden gelitten/ vnd wann er gleich wer gar eingefallen/ sampt der Kirchen? Das am Kirch Thurn zu S.Michael/ der Obertheil vom Erdtbidem herunder geworffen/ das Tachwerck an der Kirchen zun Schotten in vilen orten eingangen vnd etlich Gewölber durchbrochen hin vnd wider in der Stadt/ an andern Kirch Thürnen mehr/ vnd an vil Häusern mercklicher schaden geschehen/ Warumb sol ich mich dessen entsetzen und daruon erschrecken? Vnd das man sagt/ wie der Erdtbidem/ zu Maurbach im Closter/ auff dem Tullnerfeld zu Tulln/ Tulbing/ Langenlebarn/ Künigstetten/ Judenaw/ Püchsendorff/ Tieffendorff/ Sigerßkirchen/ Abstetten/ Ror/ Roppoltßkirchen/ Galbern/ Dotzenbach/ Michelßhausen/ vnd andern orten mehr vil Gewölber/ Böden/ Keller/ Häuser/ Schlösser/ Thürn vnd Kirchen eingeworffen/ etlich Personen erschlagen/ das man jre Köpff/ Armb vnd Bein/ hin vnd wider gesucht/ vnd was noch mehr die Erdtbidem Wunders thun/ als das sie in etlichen orten grosse Klüfften/ in der Erden machen/ Reinen Sandt/ außwerffen/ newe Wasserflüß herauß bringen/ Diß alles sprechen etliche/ gehet mich nit an/ alle Weil es mich nit trifft/ dann ich hab bey disem nichts zuuerlieren. Es kompt für/ von etlichen verruchten Menschen, daß sie auch in wehrenden stoß und schütteln deß erdtbidems, da die häuser und alles gezittert und sonderlich die rauchfäng und hohe gebew schaden empfangen, nur gespött und bossen getriben, zusamen gesagt: schaw, schaw, wie dantzt der rauchfang...

NÜRNBERG Chronik von Nürnberg, Staatsarchiv, Handschrift Nr.433 (alte Nr.289), Blatt 75/76

1590. Sambstag den 5.september umb mitternacht, zwischen 12 und 1 uhr, der kleinern, als die stern am himmel noch gestanden und der mond schon erschienen, auch ohn wind und ungewitter geweßen, hat sich alhier zu Nürnberg ein erdbeben erhoben, davon sich nicht vast alle thürne, sondern auch viel heuser, mit großen zittern erschotterten, welcher die leuthe mit großen schrecken erfahren, und gehöret haben, wie dann auch zuvor zwischen dem garauß und eins in die nacht, eben dergleichen erdbeben, doch etwas genädiger gehöret worden, welche alhier, Gott lob, glücklich abgangen sein, zu der brück hat sich der thurn auff dem Michelsberg also erschüttert, das sich daß glöcklein, so darinn hengete, sich selbsten bewegte unbd klangte, deßgleichen hat die glocken in der kirchen zu der brück auch zween anschläg in solchem erdbeben gethan.

NÜRNBERGER CHRONIK

Anfang und ursprung der kaiserlichen reichsstadt Nürnberg, München; BSTB, Cod.bav.2064

fol.313: Den fünfften septembris umb mitternacht ist allhie ein erdbidem gewesen welches etlich thurn und heuser zimlich erschuttet, aber, Gott lob, ohne sonndern schaden abganngen. Dergleichen und vil erschröckliche erdbidem seind auch umb dise zeit in Behaim, Schleßien, Österreich und annderen landen, sondern zu Wien, da es sehr großen schaden gethan, gewesen.

PLENCIZ[13], Marcus-Anton: Opera medico-physica in 4 tractatus digesta. Tractatus IV "De terrae motu" (Wien 1762) 19

Funestus et memoria dignus est terraemotus anni 1590, qui non tantum Metropolim nostram, sed universam etiam austriam infestabat. Iste prima vice observatus fuit Viennae 15.Septembris

[13] Plenciz, Marcus-Anton von: Arzt, geb. 28.April 1705 in Salcan bei Görz, gest. 25.November 1786. 1735 Habilitierung, von 1752-1785 Leibarzt der Fürsten von Liechtenstein, 1770 von Maria Theresia in den Adelsstand erhoben.

hora quinta vespertina, sat levis, secunda concussio sentiebatur hora tardius sed fortior. Tandem tertia concussatio, et quidem fortissima fuit hora 12. noctis; unde maxima pars aedificiorum fissuras et rimas contraxit, ut necessarium fuerit, fulcris et sustentaculis, ne collaberentur, fulcire. Domus ad solem aureum dicta plane corruit, et solo aequato, lapidum horribilem prae se ferebat acervum; sub cujus ruinis omnes habitatores aut enecati, aut lethaliter laesi sepulti jacuere.

Item turris Ecclesia Societas Jesu corruerat; celebris autem turris Sancti Stephani exinde incurvabatur; qualis ejusdem apicis curvatura ad haec tempora perseverat.

Übersetzung:

Verderbenbringend und der Erinnerung würdig ist das Erdbeben des Jahres 1590, welches nicht nur unsere Stadt, sondern ganz Österreich erfaßte. Dieses wurde zunächst am 15.September um die fünfte Nachmittagsstunde in Wien bemerkt, noch recht leicht; die zweite Erschütterung wurde eine Stunde später und schon stärker wahrgenommen. Schließlich war die dritte und stärkste Erschütterung um Mitternacht.

Durch diese erhielten die meisten Häuser (der größte Teil der Häuser) Spalten und Risse, sodaß es nötig wurde, diese durch Balken und Stützen zu befestigen, damit sie nicht zusammenfielen. Das Haus, zur Goldenen Sonne genannt, stürzte völlig ein und dem Erdboden gleichgemacht brachte es aus sich einen Berg von Steinen zustande. Unter der Ruine des Hauses liegen alle Bewohner, die getötet oder tödlich verletzt wurden, begraben.

Auch der Turm der Jesuitenkirche stürzte um. Der Turm von St.Stephan wurde nach innen gekrümmt. Diese Krümmung seiner Spitze ist noch heute zu bemerken.

POL, Nikolaus: Jahrbücher der Stadt Breslau, hg. von Johann Gustav Büsching und J.G. Kunisch, Zeitbücher der Schlesier, Band IV (Breslau 1823) 155

Den 15.September ist das Erdbeben, welches zu Wien sonderlich an Häusern und Thürmen großen Schaden gethan, auch zu

Breslau um 12 Uhr des Nachts von etlichen vermerket worden. Zum Lauban in Ober Lausitz um 5 Uhr nach Mittag ist der Rathsthurm dermaßen erschüttert worden, daß die Seigerglocke drei Schläge gethan, daß mans überlaut gehöret, und die Leute nicht anders vermeinet, denn er wäre Feuer vorhanden. Kurz hernach erschüttert sich abermals die ganze Stadt gemächlicher; folgende Nacht um 1 Uhr so heftig, daß viel Leute aus dem Schlafe erwachet, weil die Häuser, Kammern und Bette schrecklich gezittert, und die Kirche dermaßèn beweget worden, daß es alles gekracht, auch etliche Ziegel und Kalk vom Dache gefallen, daß man sich eines Einfalles besorget. Ueber fünf Viertelstunden ward abermals die ganze Stadt beweget.

PREUENHUEBER[14], Valentin: Annales Styrenses samt dessen übrigen Historisch- und Genealogischen Schrifften, Zur nöthigen Erläuterung der Oesterreichischen, Steyermärkischen und Steyerischen Geschichten. Aus der Stadt Steyer uralten Archiv und anderen glaubwürdigen Urkunden, Actis Publicis und bewaerten Fontibus mit besondern Fleiß verfasset (Nürnberg 1740) 307

Den 29.sten Junii um 7.Uhr Abends, und wiederum den 15.Sept. Nachmittags vor 5.Uhr, bis um drey gegen Morgen, sind wie ander Orten mehr, also auch allhier zu Steyer, acht unterschiedene erschröckliche Erdbeben gespühret worden.

RASCH[15], Johannes: Erdbidem Chronic Nach art eines Calenders, sambt einem kurtzen bericht vnd Catalogo Autorum. Darin allerley Erdbiden vnd Erdklüfften, vor Christi Geburt 1569. vnd sovil deren biß auf diß 1591. Jar her beschrieben. (München o.J.)

S.125: 1590. Abermals den 15.Septemb. Sambstags ho.5 vnd 6.N. 2.tag nach dem Volmon zwen grosse/ vnnd inn fol-

[14] Der Zeitgenosse Wolfgang Lindners schildert die Ereignisse in Steyer und Umgebung aus der Sicht des Protestanten.

[15] Rasch, Johann R.: Komponist des 16.Jahrhunderts, Praeceptor im Kloster Griffen bei Völkermarkt in Kärnten. Kantor und Literat am Schottenstift

gender Mitternacht bald nach 12.vhr/ ein häfftiger Erdbiden/ zerschüttet die Statt feinlich/ noppet oder stützet die Kirchthürn vnnd Rauchfänck/ zerreist Dach vnnd Gwölb an der Schottenkirch/ verfallen auch etlich Personen/ vil Volcks flohe auß den Heusern auff die Plätz vnnd für die Statt hinauß. Folgendes Sontags ho.9.11.V.2.N.Erchtags/ jtem den 27.Septemb.ho.3.V.mehr den 1.Octob.ho.9.10.V.7.Oktob. Nachmitternacht/ 27. Octo. zu Tuln/ ja seynd in die 5.oder 6.wochen her/ bidmet die Statt gar offt vnd vil das man auch zwier Processiones gehalten/ alle morgen täglich Gebett gehalten/ darzu man mit der grossen Glocken ein Zeichen geben hat. Etliche Leut gedunckt/ es zittere vnd rittle sich schier jmmerdar. Auff den Tulnerfeld inn Osterreich warff es gar Kirchen vnnd Schlosser ein/ verwüstet etliche Dörffer/ die in nechstfolgenden tractat sollen benennt werden. Man sagt das an selben orten das grob hawer und bawrn Gsind (die nichts dann nur alles verspöttlen vnd verächtlich reden können) auff den ersten Erdbiden begehret hab/ es solte mehr ein solcher kommen/ der sie so fein schupffte vnd wiegete/ nun ist jhnen das endlich kein glächter oder schertz sondern ein ernst vnd nur gar zu sawr worden. Dauon aber/ weil dise Erdbiden/ weit gangen/ in vil Länder/ noch nit auffhören/ auch Lieder vnd Newzeitung in Druck kommen/ so wollen wir dißmals mehr nit schreiben/ allein hiemit den heiligen starcken vnstärblichen GOTT in sein Barmhertzigkeit vns demütig vnnd büssend/ daß er vns armen Sündern allzeit genädig seyn wölle Amen.

RICCIOLI, Giovanni Battista[16]: Chronologiae reformatae et ad certas conclusiones redactae (= Res memorabiles ante vel post Christi ortum), tom.2 (Boboniae 1669) 320

Anno 1590. Septembris die 7.terraemotus Viennae in Austria sub vesperam, templum Abbatiae Scotensis cum altari medium secuit, turrim S.Stephani convellit, nullam fere domum sine rima reliquit.

---

[16] Riccioli, Johahnn Baptist: Jesuit und Astrologe, geb. 1598 in Ferrara, gest. 25.Juli 1671 in Bologna

Übersetzung:

Im Jahre 1590 war am 7.September zur Zeit der Vesper in Wien, in Österreich, ein Erdbeben. Die Kirche der Schottenabtei ging mit ihrem Altar beinahe zur Hälfte zugrunde, dem Turm von St.Stephan machte es wanken. Es blieb kaum ein Haus ohne Risse zurück.

SALZBURG

Archiv St.Peter, HSA 11, fol.690 , Chronik von 1613

Anno 1590 die 15.Septembr. sub Matutino Dominicali hora circiter 12 hic Salispurgae terrae motus fuit sed non adeo sensibilis sicut in Austria ubi Viennae et aliis perpluribus locis Domus, arces, turres, ruptae et eversae terra quoque magnum hiatum per longum spatium fecit et magna damna consecuta praesagiumque fuit futuri Turcici belli.

Übersetzung:

Im Jahre 1590 war am 15.September zur Zeit der Matutin ungefähr zur 12. Stunde hier in Salzburg ein so starkes Erdbeben, wie es bisher noch nie verspürt worden ist. Es war auch in Österreich spürbar, wo in Wien und auch in mehreren anderen Orten Häuser, Befestigungsanlagen und Türme zerstört wurden. Die Erde erhielt einen langen und tiefen Riß und große Unglücksfälle folgten nach. Es war ein Vorzeichen für den folgenden Türkenkrieg.

SCHWEITZER, David: Ein Christliche Bußpredigt/ Auch Gründtliche vnnd außführliche Erklärung/ der erschröcklichen/ grausamen vnd schädlichen Erdbeben, so sich im verlauffenen 90.Jahr den 15.Septemb. vnd nachmals vielfältig in Oesterreich/ und andern vmbligenden gräntzenden Ländern vnd Königreich/ erzeigt haben: Gehalten Zu Schöngrabern in Nider Oesterreich/ Anno 1590. den 14.Sontag nach Trinit. durch M. Dauid Schweitzern Stutgardianum... (Frankfurt/Main o.J.)

S.33: Dann wann man fragt/ woher solche Erdtbeben kommen/ wie sie geschehen/ vnd was die Vrsachen derselben seyen: Da finden sich nun vieler Leut mancherley Vrtheil und meynung/ ja wol auch solche Reden/ darab alle Christen ein ernstliches Mißfallen vnd Abschewen haben sollen.

Dann etliche vnbesunnene/ als vnter dem gemeinen Pöbel/ die Gottlosen halten dafür/ die Erdtbeben kommen allein auß dem gemeinen Lauff der Natur her/ vnd sagen: Es sey ja vnd allwegen von Anfang der Welt her also beschaffen gewesen/ daß sich bißweilen der Erdtboden bewegt/vnnd erschüttet habe/ habens auch von jren Voreltern also gehört/ daß für Jahren dergleichen Erdbeben gewesen/ vnnd darauff gute fruchtbare geschlachte Jar erfolgt seyen/ vnd demnach/ daß sie jetzt widerumb gehört werden/ sey nichts Newes.

Diese Leut aber versündigen sich hoch/ vnd geben damit zu verstehen/ daß sie in Gottes Wort vbel geübt seyn/ und von grosse Bäum von der Wurtzel außgerissen werden/ was solt er denn nicht vermögen vnter der Erden? Zu dem/ so bezeuget solches der Augenschein selbsten. Dann wer Achtung darauff gibt/ wann ein Erdbeben werden soll/ ist es zuvor gar windtstill/ Item der Himmel ist zimlich hell/ vnd doch gehet für der sonnen her ein Wölcklin/ die Wasser in tieffen Brunnen erscheinen trüb: Vnd wann der Erdbeben fürvber ist/ sihet man vielmahl/ (wie auch in diesem beschehen) besonders an denen Orten/ da er seinen außgang gewonnen/ einen dicken blauwlechten Rauch vnd Dampff/ gleich einem Nebel/ Man schmecket einen vbeln Gestanck: Vnd erfolgen gemeiniglich darauff Wind. Welches alles ja gnugsam augenscheinlich bezeuget/ daß in der Erden solcher Rauch/ Dampff vnd Wind gewesen/ und dergleichen Gewalt geübt haben.

Dann daß wir ein kindisch vnnd einfältig Gleichnuß geben/ hat es mit dem Erdbeben fast ein Gestallt/ als mit einem Menschen/ der das Fieber hat/ wann die böse Humores vnd Dünsten/ in deß Menschen Leib/ durch alle Adern getrungen/ vnd eyngesessen/ vnd selbe die natürliche Hitz/ also geschwächt/ nit mehr verzeren vnd außtreiben kan/ so folgt darauff der Paroxismus/ daß Hitz vnd Kälte/ wie die Artzt schreiben/ einander treiben/ darvon der gantze Leib erschüttet/ vnd hernach/ wann die Humores/ durch die Poros außgetrieben/ in ein grosses hitzen vnd schwitzen gebracht wirt: Also läßt es sich auch ansehen/ als wann die böse faule Dämpff/ durch Hitz vnd Kälte einander in der Erden treiben/ vnd hiemit den Gewalt der Erdtbeben vervrsachen.

Ob wol solches nit zu verwerffen/ vnd die Erdbeben/ wie alle andere Wunder vnd Zeichen/ jhre natürliche neben Vrsachen haben/ ist es doch noch nicht die Häupt vnd principal Vrsach/ vnd müssen dennoch wir Christen etwas bessers vnterrichtet werden.

Dann gleich wie die Creatura ohn den Schöpffer nichts vermag/ und die Axt sich nicht rühmen kann/ wider den so damit hawet/ noch eine Sägen trotzen/ wider den/ so sie zeucht: Ja kein Bawer so vnverständig nit ist/ daß er seinem pflug vnd rechen wolte zumässen/ das er selbsten gethan (Dann wann der Schöpffer nicht wil, so stehen alle Creaturen müssig/ vnd wo der Werckmeister vnd bawer sein Handt vom Werckzeug vnd Pflug hinweg thut/ so ligt der Werckzeug vnd Pflug da still/ reget sich nicht/ wirckt nichts/ vermag nichts) Also können auch die in der Erden verschlossene Wasser/ Wind/ Hitz vnd Kälte/ für sich selbsten keine Erdtbeben erwecken/ sonder der Schöpffer als primum agens, vnd oberste Werckmeister/ muß seinen Willen drein geben/ vnd seine Allmacht erzeigen/ alsdann gehet das Werck fort/ daß es bricht/ kracht/ donnert/ vnd erwegt die Bebung in den Elementen/ vnd wo er seine Krafft an sich zeucht/ da höret es wider auff.

Sprichstu? Was ist dann die recht gründtlich Vrsach der Erdbeben? Von wannen kommen sie her/ vnd haben jhren Gewalt vnd Vrsprung? Antwort: Nirgendt andersther/ als von Gott dem HERREN kommen alle Erdtbebung/ welcher in seinem gerechten Eyffer/ Grimm vnd Zorn/ der Welt Sünden vnd Boßheit/ mit solchem erschrecklichen Erdtbeben so wol/ als mit andern grossen Trübsalen vnd schweren Plagen heimsucht vnd straffet: Das ist die einige rechte Vrsach/ daß GOtt jetzt vber vns/ vmb vnser vbermachten Sünden willen erzürnet ist/ vnd vns mit Erdbeben als einer grausamen straff heimsuchet.

STÄNDISCHE AKTEN, Niederösterreichisches Landesarchiv Fasc. G-2-1

fol.216 r,v: 16.1.1591: An die ainer löblichen landtschaft in Österreich unnter der Ennß herren verordnte etc.

Erwürdig wolgeborne gestrenng gunstig lieb herrn und freundt. Euer gnedig und freundtlich anzubringen und sonders diennstlich zubitten khann ich hocher eingerißner nott halber nit umbgehen. Und ist menigclich wißent wie mier durch den gerechten zorn Gottes umb unser woluerdiennen willen mit den erschreckhlichen erdbiden mier mein pharkhirchen, gschloß und mayrhoff zu Rappoltenkhirchen, alles in den grundt verdorben, zerrißen und uber einen hauffen gelegt. Darneben meinen armen unndterthannen alle iere heüßer zerschmettert, verderbt und nidergeworffen, also, das mier ain sollicher hochnachtailliger unerschwinglicher erbarmlicher schaden eruolgt, daß ich den (des Gott geclagt und euer gnaden und freundt fürgetragen) leider hart verwinden, weniger meine arme leütt außer meiner hilff wider aufbauen und behausst werden khünnen. Dann wißentlich (wie ich mich deßen zu getreuen christlichen mitleiden beclage), daß im ganntzen lanndt so großer schaden als eben der ortten herumb auf ain halbe meill weegs weidt und braidt sich niergents befinden würdet, will geschwaigen, wie mier vor ainem jar das erschröklich gewäßer derartten die maißten heüßer nidergewaschen, hinwekh geflegt, doch etwas wider erbauen, aber laider ietz zum andern mall die straff und haimbsuechung Gottes ansehen mueßen. Weill dan sollicher mein und der meinen angedeutter hocherbarmlicher schaden großer alß prunstsgfar wellichen gegen mier und den meinen nit allain getreuen mitleiden billich behertzigt und angesechen sein soll. Also und hierauf so gelangt an euer gnedig und freundtlich in namen und anstadt ainer ganntzen loblichen lanndtschafft mein hochdiennstlichs im namen meiner armen undterthonnen aber durch Gottes flechenlichs bitten die gerhuen mier umb sollicher meiner hochaußgestandenen nott willen meinen steuerausstandt auf gnuegsambe obligation und raichung gebüerlichen intereße auf ain jarr lang still ligen zu laßen. Im anndern mit nachlaß der gebüerenden steuern gegen meiner armen verderbten undterthonnen, also wilferig und mitleidig zu erscheinen, damit sie der 91.92.93. jarrigen anlaagen,in bedenkhung obangezognes ainer prunst gleichformigen schadens enthebt, ich dardurch und sonderlich das gottshaus und khirchen widerumben restaurirn, sonnst auch fuer mich und meine arme leutt damit zugleich die mannschafft erhalten wirdet, unnsere whonung und arme hüttlein erheben und bauen moge. An deme allem erweisen euer gnedig und freundtlich ain sonnders werkh der barmhertzigkhait und ich wille nach vermögen dienstlich beschulden mich zugunsten und gewerlichem bschaidt beuelchende euer gnedig und freundtlich williger Frantz von Prösing.

fol.218 r,v: 19.1.1591: Ainer ersamen lanndtschaft des ertzhertzogthumbs Österreich unnder der Enß herrn verordnete etc.

Erwierdig wolgebore, edl, gestrenng und vesst genedig und gönnstig herrn auf beyligundten mier jüngst zuekhummen steurbrief erinnder euer gnedig und gestreng ich in gehorsamb, erstlich souiel den ausstanndt, so mein vätter Wolf Christoff Reickher von dem guett zum Thurn gemacht, betrifft, daß ich denselben vor diser zeit darumben nit bezallen khünen, sintemal ich vor der Lasperischen verthragshanndlung nit gewisst, oder wissen khünen, wellichen thail mier oder den anndern sollicher gemachter außstanndt, durch die vergleichung zu betzallen, obligen werde. Dieweillen aber solliche vertragshanndlung zwischen Lienhardten von Lasperg und mier unlanngst fürgeloffen und in derselben unnder anndern auch dises steuerausstanndtß halber so gedachter Wolf Cristoff Reickher gemacht dahin gehanndlt worden, daß ich denselben zu betzallen yber mich genomen, so wil ich demnach denselben mit ehisten allher richtig machen und wierdtet derowegen mit ainicher execution gegen mier fürtzugeen unnott sein. Souil genedig und gönnstig herrn den steueranschlag auf diß heuerig und gegenwierdigs jar belanngt, weillen die underthannen der ortten zum Thurn wie menigclich wol bewisst durch die erdtpiden grossen und fast erschreckhlichen schaden erliden, innen ire heüser und wonungen ybern hauffen geworffen, also, daß sy sich in der wahrhait khaum des druckhen prots behelffen khünen, ist mier daher ganntz unmüglich den heurigen anschlag von innen eintzubringen, ich wolt sy dan von hauß und hoff an den petlstab pringen, pith derhalben eur gnedig und gestreng gehorsambsweiß mit innen den armen leütten ain cristlichs mitleiden zu tragen, sy mit gnaden zu bedennckhen und an dem heurigen steuranschlag umb vermelter vrsach willen ainen ansechlichen nachlaß zu thuen, welliches ich dann warlich in all anderer herrn forderung selbs nit allain thue, sonndern hilff und leich inen noch dartzue darmit sy sich nuer by hauß erhalten khünen, sollchen wil umb euer gnad und gunst ich sambt innen den armen hohbetrüebten leüten jederzeit gehorsambß fleiß verdinnen mich umb gwerlichen bschaidt beuelchent. Eur genaden und gestreng gehorsamer Hannß Reickher.

fol. 219 r,v: Extract auß der herren verordneten ambtsrelationen anno 1591 die erdbiden betreffend.

Zum siebenzehenten ist kundtbahr, was gestalt die erschröckhliche erdbiden im vierthl Ober dem Wiener Wald vielen herrn und landtleuthen merckhlichen grossen schaden gethan, wie das auß denselben herr Franz von Prösing freiherr, herr Ferdinand Christoph Geyer, Hainrich von Edt und Hanß Gerhab, denen es ihre schlösser und mayrhöff also auch ihren underthanen ihre arme häußl in grundt nider geworffen bey denen herrn verordneten durch supplicirn nummero 4, 5 und 6 angelangt ire arme underthannen auff drei jar den brandtlern gleich steurfrey zulassen. Nachdem aber ein solche bewilligung in der verordneten macht nicht gestanden und doch diß ein newer und unerhörter fall und zuestandt leider in diesem landt ist, so haben sie diß ir begehrn hiemit bey den löblichen ständten selbst fürbringen wöllen, bey derer hochuernunfftigen berathschlagung nunmehr stehen wirdt, ob sie mit ihnen mitleiden tragen und etwas bewilligen oder aber deliberirn wollen, waß gestalt sie verbschaiden werden sollen.

Folgt hierauf deß löblichen außchuß guetachten. 5.july anno 91:

Zun siebenzehenten tragen die herrn außschüß mit iren lieben mitgliedern und den armen underthanen, wellchen durch die erschröckhlichen entstandenen erdbiden schaden zuegefügt worden, zwar ein treulich christlich mitleiden, dieweilln aber die steuer immediate zur granitz bezahlung gehörig, die zapfenmaß und andere gefäll zu anderen unumgänglichen außgaaben nothwendig und ohne das nicht erkleckhlich, ihr khayserliche majestät ihnen an den 60.000 fl. zweiffelsohne derentwegen auch nichts werden abziehen lassen, so sehen die herrn außschüß nicht, woher ein ehrsame landtschaft des begerten nachlaß wiederumben einkhommen solle mögen. Weren derwegen die anhaltenden partheyen freundtlich und glimpflich abzuweisen, doch ihnen benebens anzuzaigen, daß ihnen beuorstehe ihr nothurfft diß orths bey hoff anzubringen, und was sie aldort erlangen, daß ihnen solches alles die löblichen stänndt herzlich gern vergönnen wollen. Der löblichen ständten schluß. In ständen approbirt den 10.julij anno 91.

Ferrer relationserledigung: durch die löblichen stänndt den 19.julij anno 91 abgehört und eodem die approbirt, etlicher weniger posten außgenommen, so da sub finem verzaichnet worden.

STÄNDISCHE AKTEN, Niederösterreichisches Landesarchiv, Archiv des Rentamts Königstetten, Karton 1 (Akt vom 26.11.1590)

Brief des Bischofs von Passau an Hans Georg Riederer von Pfarr auf Immendorf, Rentmeister zu Königstetten vom26.November 1590

Von Gottes genaden Vrban bischoue zu Passaw etc.

Vnnsern grues zuuor, vesster, lieber schwager und getreuer. Wir haben von vnnserm hofmaurer maister Hannsen Peckhen, dene wir zu besichtigung der manngl in vnnserm renthof zu Khünigstetten, so durch die erschröckhlichen erdtpiden beschechen, hinab verordnet, in seiner vnns gethannen relation souil vernommen. Obwohl nit ohne, das sich ettlichen ortten die meuer und gewölber darinnen zerkhloben und voneinannder gelassen, allso die ziegltächer alle zerrissen worden, denen man mit einziehung ettlicher schleidern zu hilff und mit abdeckhung der tächer nottwenndig khomen solle, wie er dann ainem teutschen maurer, was die einziehung der schleudern belanngt, alberaith beuelch geben, weil aber der wintter und gefrüer so gar an der hanndt und solches gemächt khainen bestanndt haben khan, dahero wir enntschlossen, solches gebeü diser zeit allerdings einzustellen. Beuelchen dir hierauf, daß du bei des gegenschreibers mauren die einziehung der schleidern und alles gebeü alspaldt einstellest, ohn allain wellest mit laden und schindlen, wie du khannst aufkhumen, souil fürsehung thuen, damit die tächer vor einregnen biß auf khonnfftige fassten verhiettet werden, alßdann wellen wir alles nottwenndig gebeu in vnnserm rennthof und aus Greiffenstain, wo es von nötten, pauen und wennden lassen. Wollten wir dir zu verrerm bschaidt nit verhallten und volzeucht hieran vnnsern beuelch ain genüegen.

Datum in vnnser statt Passaw den 26.nouembris anno etc.1590. Commissio domini episcopi propria.

Neue zeittung aus Wienn der erdpiden halber, was für schaden sonnderlich den 17. tag septembris diß gegenwertigen monnats und 90. jars beschehen.

Erstlichen ist S.Steffans pharrkhirchen und thumb ain tuerndl herunder gefallen, so in dem tachwerch grossen schaden gethan, auch etlich mer stuckh, sonnderlich den monschein und stern, so auf dem khnopff gar vmbgebogen, auch wie der augenschein der thurn gegen dem Stubenthor gar hengt, das derselb biß auf der thürner wohnung abgetragen werden mueß. Es seindt stain, so zu 6 leuten wegen herabgefallen, so khan die vhr nit mer schlagen, der annder turn darauf das turndl mit der grossen gloggen, ist sehr erkhloben, auch die gloggen menglhofft worden vnnderschrat, das die nit mer geleit werden khan.

Bey S.Michael hat es der spitzen an der turn 9 claffter obwerts herab geworffen, die vhr gar verderbt, stuckh, die woll zenten wegen, herab gefallen.

Zun Schotten soll es den grossten schadn (doch ausser S.Steffan turn) gethan hab, die khirchen so alle von gehauten quaterstuckh erbaut, alle zerkhloben, den fordern altar halber eingeschlagen, das khirchtach woll halber nüdergangen, das gewelb oberhalb deß tauffstain eingefallen und vnnder den stuckhen ist aines wie der brotsitzer seinen laden hat auf das tach und durch neben seinem pet nidergefallen, selber stain soll woll in die 7 c(entner) wegen. Bey vnnser Lieben Frauen ist der turn sehr zerkhloben und vill stuckh herab gefallen.

Bey S.Johans hat es ebener erdt den turn von der alten stöll geruckht, alls wann man solchen mit vleiß weckh schieben khunnen und der noch steet.

Bey den Jesuitten hat es den turn bey den khnopf auch zerissen und das tach verderbt.

In der Purckh hat es die tächer ain wenig zerrissen.

Zu S. Lorentzen hat es den turn eingeworffen.

In dem Khochgässl bey dem Weghauß hat es in ainem hauß dreu gwelb eingeworffen und 6 persohn, so sambt den gewelben eingefallen, hart beschedigt.

Bey dem Roten Turn zu der Gülden Sohnen ist selbes wiertshauß sambt ainem grossen turn gegen der Thunau gantz und gar eingefallen und seindt 9 persohnen darinnen todt bliben, auch etliche roß erschlagen. Man hat gleichwoll heut mit 30 persohnen ainen gantzen tag geraumbt, aber man noch nit darauf khumen mugen, vnnder bemelten persohnen sollen oxenkheuffer und handlßleut von Lintz in die 5 sein. Wo das consistorium gehalten wirdet, hat es grossen schaden gethon. Den turn vnnder dem Peillerthor abgeworffen, also in Seitzerhof, den herrn priorn von Mauerbach gehorig, schaden beschehen.

Am Lugäckh inn deß Pachele hauß ein turn herunder gefallen. Im Bischoffhoff ein grosse stuck herabgefallen. So ist in denen noch jungsterer prunst in Wien bey den Stubenthor beschehen außgebrenten und berait wider erbauten heußer grosser schaden beschehen.

Bey den Himelporten im Junckhfraucloster hat es das closter und gemeur zerkhloben und erschitt, das noch niemandt darinnen wohnen will. Inn suma, wo hohe thurn und heußer gewest, hat es alles vunuerletzt nit hingegen lassen und ansehlichen schaden beschehen.

Die leut fliehen noch all auß der statt in die heuser und gärtten, wie der herr Helbmhart Jörger auch geen Hernalß (alda es ime aber auch grossen schaden gethon haben solle) dennoch geflohen.

STÄNDISCHE AKTEN, Niederösterreichisches Landesarchiv, Archiv des Rentamts Königstetten, Karton 1 (Akt vom 26.11.1590)

Verzeichnis, was für schaden durch den erpiden zu Khunigsteten und in vmbligenden fleckhen beschehen.

Khunigsteten

Ist inn der khirchen das gwelb des langhaus helbs eingangen und die hindergewelbte porkhirchen mit in poden eingeschlagen und geworffen zu besorgen, nachdeme allererst verschinen ain stund ain erdtpiden geweest, es werde das gewelb, so nur von helben ziegl gemacht, alles eingeen oder was verblibn abgetragen werden muessen. Vor im cor hat sich das gwelb auch aufgethon, das berait stuckh heraus und auf fordern altar gefallen, den thails zerschmedert. Der neu turn aber ist sonst bestendig, gleichwol noch khain rechtes tach darauf gesezt.

Im herrschaftlichen rennthoff hat es in techern, so alle mit ziegl gedeckht, allenthalben grossen schaden gethon, die rauchfenckh theils abgeworffen und sich hin und wider die gwelb und maur zerkhloben, aber gottlob noch khein gemach oder gewelb eingangen.

Dem renndtgegenschreiber hat es in seinem neben den renthoff erbauten hauß, so allain und nindert anstet, merckhlichen schaden gethon, das vmb und vmb die meur zerkhloben und sich herdan(?) lassen; auch gewälber zum einfallen erzeigen, das niemandt darinnen bleiben darf. Hat sich selb, weib und kindt zu ainem nachbern in ainen garten under den himel begeben.

Dem Jergerischen Richter gegen den rennthoff vber hat es zwei gewelbe auf einander sambt ein poden eingeworffen, wendt und anders verschitt auch andere gemäch zerkhloben.

Inn des Petter Fleischhackhers hauß, so lenger alls ain jar feil gestanden, neulich aber ein schmidt erkhaufft, ist ein gewelbl, darinnen ain inuolkhl so vorher ain zeit darinnen hausgehalten, gelegen, inn den grossen erdtbiden nach mitternacht beschehen auch eingangen. Selben inman mitsambt dem weib und vier khindern verschitt, das die zwei khinder gestrackhs erschlagen und erstickht, die muetter sich vber das jungste, so sy bei ir am pett gehabt, gehalten und die schit auf ir getuldt, bis das man inen auf ir geschrei zu hilf khumen, zu inen gearbait, das man dannach beedes anuolckhl (?) und die andern 2 khinder lebendig heraus gebracht, aber wo man die nit gelabt und deren noch so vleissig gephlegt, wurden sie derhalben muessen ir leben auch aufgeben. Dem vom Greyß in dem Sochwitzischen haus (als dem...) ist auch großer schaden, sowohl fasst in allen heusern des marckhts, beschehen, ihe höher und besser die heuser von maurberch erbaut, ihe mer schaden ist beschehen und gefehrlichait dabei noch zu gewerten, das mehrers volckh ausser der heuser, als in den heusern bei tag und nacht wohnen und legern.

Tulbing

Sannd Moritzen pharrkhirchen daselbsten seindt die stain thails vnnder dem tach und die gloggenfenster gar herabgefallen, also bis dato beschaffen, dass was noch sambt dem tach steet, bis auf die vhr mues abgetragen werden.

Inn der bemelten khirchen hat es vier abgestenderte gewölb; seindt die gressten beede gar eingangen, die zwei steunde, wie zu besorgen, auch muessen abgetragen werden.

Ein gipelmaur der khirchen ist abgefallen, die khirchoffmaur vmbher alle zerkhloben, das gloggengstell ist voneinander gewichen, so man heut doch mit grossen gefahr mit khetten zusammen zeziehen in werch. Und obwohl wol das tach vorher mit grossen unkosten gebessert, ists doch alles vmbsonst, dann es wieder und merers als vorher paufellig. Bei welchen gotteshaus ein gelt oder vorradt nichts verhanden.

Die schuel ist zu beeden seitten sambt der khuchl eingangen. Dann herunden in Aigen im pfarrhoff ein gipelmaur sambt einem äckh und raufanckh eingefallen, auch hin und wieder zerkhloben und paufellig worden. Item gegen der gassen die zinen (auf der grossen maur) alzumal herabgefallen.

Bey dem herundrigen vnnser Lieben Frauen gottesheusl seindt von den duerndl etlich maurstuckh herab und etlich durchs tach hineingefallen. Den poden der khirchen teils eingeschlagen, darinnen in den cor die fenster herausgefallen und die maur zerschrickt; alda auch ainicher vorradt zum wiederauferpauen nit vorhanden.

Im alten schloss gegen Cotzleinsdorf ist ain maur weckhgefallen, auch das alte baufellige meirheusl daselbst alles zu poden gangen.

Also hat es fasst durchaus in allen heusern voraus, in denen so man an sicheresten sei gehalten, wohl auch in den nidern und schlechten, mit eingeung viler gewelb sonderlich feuerstett meur und ander grossen merckhlichen schaden geton.

Tuln

Ist in den Frauencloster der turn halben herunder gefallen, thaills gemauhr eingangen, die innen zerissen, was vmb gefehr willen die wuerdige frau mit iren closterjunckhfrauen sich heraus in den mayrhoff begeben.

Ainen turn bei der pharrkhirchen hat es sambt des tuerners zimer herabgeworffen, das vorher der tuerner ein claines der wachter mit seinen sächlen herabgeflohen; und den anderen turn der massen zerkhloben, das zu besorgen, wo der liebe gott diesen erdpiden nit genedig steure, der andre auch werde herabfallen.

Herrn techenten, so dies jar mit seinen gebeu strackh fortgefahren ist, sowohl etlichen burgern inn iren heusern (aber bei weiten nit also wie rings auf dem lande) schaden beschehen.

Lebern

Ist der turn, so mit guetten stainen gebaut, halben herunder ainstails durchs khirchtag(!) und gewelb durchgefallen, auch die khirchen merorten zerkhloben.

Paumbgarten und Freindorf

Haben sich turn und khirchen zerkhloben und solch stuckh von den tuernen gefallen, denen aber noch zu helfen wäre; allein hat ain stuckh von turn zu Freindorff der schulmeisterin einen fues abgeschlagen.

Sigerskhirchen

Hat es den turn gar eingeworffen, die khirchen so ohne das seidt der prunst her keinen poden gehabt, alle zerschitt und zerkhloben, der pharrhoff auch thails eingefallen.

Den Haberuogten, Geierischen richter und verwalter, sein haus alles eingangen, sowohl den alten Praitling, die aber innen und in ersten erdpiden 3 mans- und 9 weibspersonen, die 5 gestrackhs durch ain gewelb zu tode geschlogen, den sechsen personen ist man zu hilf khumen, die noch bei leben.

Daselbst sich in des paders hof von freien stuckhen ain prun, den man erst heut und vor nie gesehen, erzeigt, das das wasser ellenhoch aufspringt, nach saliter schmeckt, ganz wie clar, doch schenen clainen sand von sich gibt.

Ror ober der statt Tulln

Ist allererst heut erichtags von den grossen erdpiden vmb 7 vhr frue beschehen, die khirchen gar eingefallen, sowol an heusern schaden geton.

Die prun werden garwal, das etliche hoch uber die eben weckhfliessen.

Zwentendorff

Die khirchen dermassen zerschmetert und zerlittert, das man nit darein darf, sonst der khranz vom turn gefallen, also hat der pharrhoff grossen schaden erlitten.

Russt

Haben sich die seittenmauhr von der khirchen begeben, das gwelb theils eingefallen, sowohl den innwohnern daselbsten an iren heusern grosser schadenbeschehen.

Michelhausen

Ist der khirchturn halben abgefallen, sowohl die khirchen von aussen und innen meistes zu grund gangen.

Gottshaus und Closter in Maurbach

Seint die bessten und fasst alle gemäch und gebeu eingefallen, das niemand darinnen wohnen khan.

Abstetten

Ist die khirchen und der sonnst mit gwelbern wol erbaute pfarrhoff zu grund und boden gangen, und was nit vorher, allererst von heutig stark erdpiden wegen maistes den perg herabgefallen.

Dann sambstags verschinen als der herr pfarrer mit seinen kaplanen und leuten abents zu tisch gesessen und zu nachtmalen angefangen, ist von ersten erschrockhlich grossen erdtpiden das gwelb ob inen allen doch etwas hol zu hauff gefallen und bedeckht und auch zu irem glückh aussen ain gäter vom fenster weckh geschlagen, zu welchem sie alle khumen mugen, hinausgestiegen, und demnach den pfarrer, der nit geen kann und aller khrump ist, mit hinaus gezogen, das keinem an leib schaden beschehen. Allererst gestern, nachdeme drei gewelbe aufeinander gelegen, hat man hinein geraumt, seidt ains theills auf den tisch noch gentz und ein verschitter hund noch lebendig gefunden worden, so ist noch ein vass wein in einem eingefallenen kheller gelegen, als man hineingeraumbt, dasselb unverlezt vorhanden, darin man an einer leitter einsteigen mues.

Schlossen Puchsendorff

Das Rueberische schlos daselbst ist heut gar in grund zu hauff gefallen, die wittib frau Muschgin dennoch mit iren leuten zun anfang zeitlich die kuchl (?) herausgeben, aber vil sachen sonderlich in die 15 mutt khorn verschitt.

Ätzlstorff

Ist herr Kuenacher sein 3 gaden hoch neu erpauter freyhoff heut mit tach, gewelben und zimern zerschmettert und gar eingefallen. Daselbsten sonsten an heusern merckhlich grosser schaden geschehen, dan ain wolerbaut wiertshaus, dem Schwayerl gehorig, gar in grund eingefallen.

Dietersdorf

Das schlos, dem herrn Gerhaben gehorig, fasst alles eingangen.

Odental[17]

Gegen Dietersdorf vber, herrn von Ödt gehörig, gar in poden mit allen zimern eingeworffen.

Rapoltenkhirchen

Das schlos, herrn von Presig gehorig, ist der neu erpaute stockh und schene zimer alles eingefallen, auch in den alten gemauerwerckh grosser schaden beschehen. Die müll daselbs seinem pfleger eingangen...[18]

Iutenau

Das neu(erpaute)[19] schenerpaute schloß, herrn Helbharten Jergern freiherrn geherig, aintzigen weis von dem erdpiden sunderlichheut etlichs gar in die erdt gevallen und anders ... eingangen und ain anzal mutt getreidt under die schitt khumen.

STÄNDISCHE AKTEN, Niederösterreichisches Landesarchiv, Archiv des Rentamts Königstetten, Karton 97, Fasc. Richter und Rat (Akt vom 24.5.1610)

Ohngeuerlicher an–und vberschlag, wie und wasmassen das in der khirchen zu Khunigstetten, durch die erdtbidem ein– und nidergefallne gewölb, widerumben aufzurichten und zu erpauen, ohngefähr cossten und was materialien man ohngefehr darzue betürfftig wehr. Beschehen den 24.May anno 1610, im fürstlichem rendthoue, durch irer fürstlichen durchlaucht rhat und renndtambtsverwalter herr Hanns Khrisneritschen, anwesent Achtien Haizinger, rendgegenschreiber, Sigmunden Tanner, marckhtrichter, seiner geschwornen ander herrn vnderthanen richter und den Sechsern aus der gemainde...

---

[17] Edelsitz Ödental in Dietersdorf beim Gasthof "Zur Mühle"

[18] Durch Faltung und Schmutz völlig unleserlich geworden

[19] wurde halb wegradiert

STÄNDISCHE AKTEN, Niederösterreichisches Landesarchiv, Archiv des Rentamts Königstetten, Karton 73, Fasc. Baulichkeiten zur Kirche Königstetten (Akt vom 20.3.1611)

Ich, Anthoni Vita, rathsburger, mauerer und stattmaister zu Thulln, thue khundt und bekhenne hiemit im crafft dieß scheindls, daß ich vnden beschribenen dato von dem ernuesten und weysen herrn Sigmunden Thanner, marckhtrichtern, dan auch von denen verorttneten khirchenpawleüthen alls vermög aufgerichter spanzetl des kirchengepäw 160 fl., zween ducaten leykhauff dan auch vonwegen der schuel und andern arbeit mit vberweyssung der kirchen, capelln und chor souill allß 30 fl., item auch wegen bey mir abgeholts holtzwerch vermög special verzaichnus so 134 fl. 4ß 20 d. betroffen, alles miteinander souill in ainer summa alls 324 fl. 4 ß 20 d., welches ich, oben ernenter Vitta allso bahr empfanngen eingenomen habe. Allso und dergestallt, daß ich jetzt, noch kunfftig diser sachen des kirchengepews halber ainiche anforderung noch zur sprach haben, noch gemein soll vor willigster pindung des allgemainen landtsschadenpunts in Österreich vndter der Ennß, alles mit treuen ohngeuerde dessen, zu wahren vrkhunt, habe ich dise quittung mit meinen gewohntlichen pettschafft verfertigt und aygner handt vndterschriben. Geschehen den 20. Martj anno 1611.

Anthoni Vita

STEINHOFER, Johann Ulrich[20]: Ehre des Herzogthums Würtemberg in seinen durchlauchtigsten Regenten; oder die neue Wirtembergische Chronik, Bd.1 (Tübingen 1744) 318, nach: Giessberger, Johann: Die Erdbeben Bayerns, 1.Teil, in: Abhandlungen der königlich bayrischen Akademie der mathematisch-physikalischen Klasse 29/6 (München 1922) 51

---

[20] Steinhofer, Johann Ulrich: evangelischer Theologe, geb. 1709 zu Owen im Württembergischen, gest. 1757. 1732 Magister, 1736 ao. Prof. an der Univ. Tübingen.

Dem 5., 15.September 1590 entstund zu Wien und in selbiger Gegend ein erschröckliches Erdbeben, welches auch an verschiedenen Orten in Wirtenberg verspüret worden.

TERRA TREMENS(Nürnberg 1670)

nach: Giessberger, Johann: Die Erdbeben Bayerns, 1.Teil, in: Abhandlungen der königlich bayrischen Akademie der mathematisch-physikalischen Klasse 29/6 (München 1922) 51

Dieses Erdbeben anno 1590 den 5.September als der Himmel hell und still gewesen umb Mitternacht ist auch zu Nürnberg stark empfunden worden.

TULLN

Ratsprotokolle von Tulln

Materialien zur Geschichte von Tulln - Handschrift im Pfarrarchiv Tulln Zl.8/3 (1.Band), Abschrift aus den Ratsprotokollen, 268/269

Nr.292. An die N.Oe. Cammer, die begehrten 1000 fl. Darlehen aus dem Salzamte betreffend

Wohlgeborne, edle, gestrenge, gnädige und hochgebürtige herrn! euer gnaden an uns ausgegangen befehl, darinnen uns in namen hochgedachter ihrer kaiserlichen majestät etc. durch unsere abgesandte für euer gnaden zu erscheinen auferlegt, und auch zugleich bey denselben alsbald, zum wenigsten 1000 fl. hinabzuschicken, zu bereitschaft einer anzahl salz, dadurch das granitzwesen und christliche feldlager genugsam zu versehen; haben wir mit gebührlicher reverenz empfangen, und ob wir uns ihrer majestät und der fürstlichen durchlaucht unser allergnädigsten herrn, und landesfürsten, nicht allein in diesem, sondern auch in allen andern, unsern äussersten vermögen nach, allergehorsamst nachzukommen schuldig und willig erkennen, so wird doch ohne zweifel euer gnaden seyn fürkommen, wie wir vor wenig jahren durch unversehentliche unterschiedene feuerbrünste in unwiderbringlichen nachtheil und schaden eingerunnen; und dann als wir uns etwas weniges erhohlt und aufgebauet, wiederum durch die erschreckliche erdbeben dermassen so jämmerlich verderbt, daß wir nicht allein die zerschütte und zum theil eingefallene kirche, und andere gemeinde-gebäu bessern müssen, sondern auch die stadtmauern, welche viele klafter lang in grund niedergeworfen, von neuem wiederum zu erheben, mit schweren und schier unerschwinglichen unkosten gedrungen, dannenhero wir uns nicht in kleine schuldenlast eingelassen. Über das alles ist euer gnaden unverborgen, was für grosse auflagen wegen der kriegs-preparation dieser zeit vorhanden, wie wir auch über alle hohe gesteigerte steuern, noch darzu rüstgeld und andere gutwillige hülf aus eigenen säckl reichen, auch anjetzo neue rüstwagen, sammt drey rossen, welches uns wahrlich höchstbeschwerlich (Gott erkenne es!) fortschicken müssen.

Also auch gnädige und hochgeietende herrn, haben sich euer gnaden zu erinnern, das vergangenen 1593 jahres, zu diesen salzwesen 300 fl., welche uns noch nicht erstatt hergeliehen; danebst unser geringer salzhandel, meistentheils in geld erschöpft, dann wir ohnedas über 600 fl. darinn still liegen zu lassen, so zu einkaufung des salzes, wollen wir anders nicht, daß dieser handel, der dann ohnedas ein geringe verschleissung hat, nicht gar erliegt, müssen gebraucht nicht vermögen. Wie denn diese und ander jetzt angezogene beschwerungen und mißrathenes jahr, mit nothdürftiger ausführlichkeit, aber dieß orts zuforderst ihrer majestät und euer gnaden zu verschonen, eingestellt wird, mit mehreren erzählt und angezogen möcht werden. Hierauf an euer gnaden in namen und an statt der armen bürgerschaft unser unterthänigst und demüthigstes bitten, die geruhen gemeines armes hiesige stadtl wegen ihres wissendes unvermögen dieses begehren halber, so uns dießmal unmöglich zu leisten und zu erschwingen, mit gnaden zu begeben, sonsten erkennen wir uns mit leib und gut gehorsamst zu dienen, euer gnaden unterthänigst befehlen. Datum Tulln den 28.April 1594

euer gnaden unterthänige und gehorsambe N.richter und rath der stadt Tulln

Stadtarchiv, Inventarbuch Nr.23 (1581-1598) fol. 347 v - 349 v

Weillendt Vlrichen Ölhardts gewösten burger und vischers alhie, saligen, verlassung, inuentar und schazung.

Den zwölfften october anno 94 ist auß beuelch herrn N. richter und rats der statt Tulln, durch die ernuessten ersamben und weisen herrn Georgen Thäbrer, Steffan Knüeperger inners-, Jacob Mandll und Vrban Khrantzer außern raths, alls von obrigkhait hiertzue verordnete, weilendt Vlrichen Ölhardts gewesten burger und vischers alhie hinderlassen lig- und vahrundter haab und gueter inuentirt und geschätzt worden. Wie hernach volgt:

Alls erstlich

Die behausung, so füer disem durch feüersprunsten und erdtpüden verderbt worden, ist bei diser äußeristen feindesgefahr taxirt per 300 fl...

Stadtarchiv, Zeughaus-Inventar Nr.A-235 Gruppe Politica, Verwaltungs-Akten 251-299 Nr.237 vom 3.Okt.1618

Im mittern poden: Zu bricht wierdet vermelt, daß dieser thuern von oben herab biß zu der erdn ganz und gar zerkhloben, und mit höchster gefahr ain stueckh darauf abzuschießen.

UNGLÜCKS-CHRONICA vieler grauhsamer und erschrecklicher Erdbeben (Hamburg 1692)

S.130: Im Jahre 1590 den 7.September entstund zu Wien ein starckes Erdbeben, daß kein Hauß so starck gewesen, an welchem man von unten hinaus nicht eine Spalte gesehen hätte. Die Kirche bey den Schotten hat es entzwey gebrochen und über einen Hauffen geworffen, auch ist St.Stephans Thurm dermassen erschüttert worden, daß grosse Stücke davon abgefallen und anderer Schaden mehr geschehen ist, wie denn auch 9 Menschen und drey Pferde umkommen sind. Ja, es habe der St.Stephans Thurm sich so hart beweget, daß der Gipfel, ohngeachtet derselbe wohl mit eisernen Stangen versehen gewesen, sich niedergebogen und gleichsam zum Fallen gesencket hat.

S.191: Anno Christi 1590 den 5.September wurde die Haupt-Vestung Canische auff den Ungarischen Gräntzen durch ein

Erdbeben mehrentheils ruiniert und etlich hundert Soldaten darinne erschlagen. Dergleichen Unglück hatte auch die Hauptstadt Prage. Nicht weit aber von Wien ließ die Erde allenthalben um die Stadt her einen grausamen schwefflichten Gestanck auffgehen, daß fast niemand dafür dauren kunte und man sich sonst noch mehr Unglücks befürchtete, wie solches nach der Länge erzehlet.

UNGNAD

Brief der Eva Ungnad an Carolus Clusius vom 18.September 1590. Leiden, Univ. Bibl. MS 101 (6)

Newes ist bey uns wenig guetts, wir haben nit allein ein zeit her allerley schwäre seuchen und kranckheit sondern auch 4 tag nacheinander erschröckhliche große erdbiedem gehabt, und noch, welche in der stadt an kirchen und heusern auch aufnn land und an schlößern großen schaden gethan, also daß wir dernhalben in großer gefahr stehen, der allmächtig güettig gott wölle seinen gerechten zorn und die woluerdientte straff umb Christi unsers...versüners und mittlers willen von uns gnädiglich abwenden.

VOLMARIUS, Marcus: Newe Zeittung vom schröcklichen Erdbidm/ den 15.nach dem Newen/ aber den 5.tag Septembris/ nach dem alten Calender/ deß 1590. Jars/ zu Wien in Oesterreich geschehen: Sampt einer Erleuterung Marci Volmarij (1591)

Erleuterung des Erdbidems in Oesterreich:

IIII: Die zween kleinere Erdbidem/ so an obbemeltem tage zu abend zwischen 4. vnd 5. vhr/ die Teller/ Schüssel/ und Häfen/ in Häusern zu Wien/ gerüttelt vnd zuhauffen geworffen/ betreffen/ meines bedünckens/ zweyerley Leute: Erstlich gilts den hoffertigen Burgerin vnd stoltzen Frawen/ die mit jhren Schüsseln/ Tellern/ vnd verglassten Häfen (geschweig jetzt der güldenen Ketten/ Ring/ Kleyder/ Betthcr) all zusehr prangen...

VIII: Das nun gemeldte Nächtliche Erdbebung so grausam schröcklich/ vnd forchtsam gewest/ vnd es dermassen in der Statt Wien gesauset und geprauset/ vnnd alle Gebewde sich allezeit erreget/ beweget/ erschüttelt/ vnd gerüttelt/ nicht anders/ als würde die Statt, inn einem augenblick versincken vnd vndergehen: das ist eine ernstliche/ vnd mit der that fürgeschütte straffe vnd Bußpredigt/ an die gottlosen Epicurer/ und verechter Gottes/ die da sprechen in jrem Hertzen: Es ist kein Gott...

IX: Daß etlich hundert Rauchfäng in der Statt Wien/ durch den erdbidm/ eingangen sind: vnnd man viel abtragen muß/ die es zerschütt und zerkloben...

XII: Ich kan schwerlich deuten/ den grossen schaden/ so an S.Stephansthurn/ welcher der höchste ist zu Wien/ geschehen: daraus viel grosser werckstuck herab gefallen: das kleine spitze Thürnlein am krantz zerkloben/ eins gar herunter gefallen: vnd sich der thurn dermassen gneiget/ wenn mans nach dem Winckelmaß solt absehen/ daß sich der knopff auff ein gutt klaffter auff die seiten würde finden/ vnnd zubesorgen/ der Thurn möcht noch einfallen: welches vielleicht allbereit geschehen were/ wenn die Quaterstück nicht so vleissig/ mit eyserm bandwerck verschlossen/ vnnd mit Bley nicht so gnaw vergossen vnnd verwaret weren: weil man sich dann besorgt/ das obertheil möcht herunter fallen/ ists abzutragen verdingt/ auff grossen vnkosten...

XIII: Daß die dicke eyserne Stange/ oberhalb deß knopffs an S.Stephansthurn/ darauff der halbe Mond/ deß Türcken zeichen vnd ein stern stehet/ sich wider die Natur dermassen gebogen/ herunder gelassen/ geneigt vnd vmbgewand/ als woltens herab zur Erden fallen/ erschreckt Mich sehr...

XIIII: Daß das Gasthauß bey der gülden Sonnen eingangen/ die Wirtin/ vnd jre Schwester/ sampt sieben Oberlendischen Kaufleuten verschütt/ die man also todt gefunden...

XVIII: Daß der Erdbidem auch der Jesuwider Wohnung nicht verschonet hat: vnd die spitz am Thurn bey S.Michel/ die Kirch durchschlagen: Item beym Schottenkloster mehr denn die halbe

Kirche eingangen/ vnnd die Gewölbe durchschlagen/ vnnd an allen orten zerkloben/ vnd dermassen zerschmettert/ daß man nicht sicher drein gehen darff/ man muß abtragen: Item daß es bey vnser Frawen/ bey S.Lorentz/ vnnd bey S.Johannes die kirchen beschediget: vnnd im Kloster beyn Prediger-Mönchen/ ein gewaltigs Gebäw eingangen...

XIX: Daß die Zeitung auch meldung thut deß Monds/ der dazumalen sein vollen schein gehabt: aber durch den staub vom erdbidm erregt/ dermassen verdunckelt vnd verfinstert worden/ daß man nichts hat sehen mögen: bedeut/ daß das Liecht der Vernunfft in der rechten anfechtung/ den Menschen keinen Trost gibt: es wird verfinstert vnd verlischt/ wo nicht rechter glaube/ noch Zuversicht zu Gott ist in Christo Jesu.

XX: Die Zeitung sagt auch/ daß die fürnembsten vnd reichen auß der Statt fliehen: in den Gärten vnd anderstwo jhre Wohnung haben: förchten sich/ sie möchten sampt der Statt versincken vnd vntergehen.

XXII: Der Erdbidem soll auch auff dem Land grossen Schaden gethan haben/ sonderlich an herrnheusern/ vnnd schlössern/ da etliche gar eingangen/ vnnd zu eytel Steinhauffen worden.

XLVII: Summa summarum/ solche grosse Erdbidem/ neben der Hungersnot/ Pestilentz/ Blutvergiessen/ schröcklichen Chasmatis und Zeichen am Himmel/ sind gewisse Botten und Vorbereitungen/ zum lieben jüngsten Tage: darauf wir gerüst seyn vnd vnserm getrewen Breutigam Jesu Christo, frölich und mit Frewden entgegen gehen sollen...

WECK, Anton[21]: Der Kurfürstlich sächsische weitberufenen Residenz und Haupt-Vestung Dresden Beschreib und Vorstellung, auf der churfürstlichen Herrschaft gnädigsten Belieben verfasset durch Antonium Wecken. (Nürnberg 1680)

Anno 1590 am 5.Septembr. zu Nacht hat sich ein hefftig Erdbeben ereignet, welches wie man unter andern angemerket, wegen

[21] Weck, Anton: geb. 10.Jänner 1623 zu Annaberg, wurde Schreiber und kurfürstlicher Archivar in Dresden. Weck starb infolge der Pest am 21. September 1680

großer Hefftigkeit verursachet, das auf alhiesigem Creutz Kirchen Thürme, der Hammer auf die Seyger Schelle merklich geschlagen und dieselbe so erreget, daß sie gethönet. In Böhmen, Mähren und Oesterreich ist auch großer Schaden dadurch geschehen, wie damalig eingelaufene Nachrichtungen ausgewiesen.

WERNER, Melchior: Handschriftliche Eintragung am Vorsatzblatt einer Lutherausgabe der Kreisbibliothek Bautzen, nach: Kozák, J. und P.Schmidt: Abbildungen seismologischer Inhalte in europäischen Drucken des 15. bis 18. Jahrhunderts, in: Geschichte der Seismologie, Seismik und Erdgezeitenforschung, Veröffentlichungen des Zentralinstituts für Physik der Erde Nr.64 (Potsdam 1981) 90

Anno 1590 den sambstag nach kreuzerhöhung welcher war der 15.tag septembriss gegen abendt umb 5 unndt 6 uhr hats alhir...zwey erschreckliche erdbeben gehabt, der folgenden nacht auch etliche, das sich alle häuser hefftig erschüttert haben, unndt man vermeinet der jüngste tag würde herein brechen, hat aber sonst Gott lob unndt danck keinen schaden gethan alhir an steinen gebäuden, zur Wien aber hat es fünff türn unndt siben kirchen, undt sonst viel häuser eingerissen... Gott verleyhe unns seine gnad, das wir uns ob diesem wunder zeichen undt buß Predigt bessern, undt nicht mit der verstockten woldt verachten, in windt schlagen, unndt drüber verharen werden...Den folgenden 18.septembriß hat es wied ein erschrecklich erdbeben gehabt. Gott wolle uns umb seines sones willen gnedig undt barmherzig sein.

WIDMANN[22]

Chronik des M. Enoch Widmann, nach Meyer, Christian (hg.): Hohenzollerische Forschungen, Jahrbuch für die Geschichte der Hohenzollern, insbesondere des fränkischen Zweiges derselben und seiner Lande. Jg.2 (München 1893) 1-128 und 230-434

S.352f.: Den 5.septemb. zu mitternacht ist ein groses erdbidem in Deudschland, Ungarn und Behemen gehört worden, dadurch zu Wien in Österreich fast alle kirchen beschediget, die thurnen und mawren zerspalten, die spitzen derselben abgefallen, auch in der stadt vielen heusern groser schaden geschehen, also daß etliche personen in diesem gewaltigen erschottern der erden verfallen sind und sich die leut aus der stadt hinaus in ihre gärten gemachet haben. Und dergleichen ist anderswo mehr geschehen.

WIEN

Wiener Stadt- und Landesarchiv, Ober-(Stadt)-Kammeramts-Rechnungen 1/118 für 1590 Fasc.81/1

fol.317: Nr.800: Den letzten december zalt ich dem Hanns Ofner burger, schlosser und uhrmach(er) alhie, wegen das er zu der viertl uhr ain neuen windflügl und wo der drat anhengt ain strickh einzogen, die uhr außbessert und puzt, sowol die groß uhr zerlegt, auspuzt, sechs schlissen darzue gemacht und ain feder zum warnnschloß, auch die uhr wider zusambes gelegt und den hammer auf die glockhen gericht für alles fünf gulden vier schilling pfenning, vermög außzug und darunder geschrieben quittung hiebei.

fol.318: Nr.801: Eodem die zalt ich dem Hannsen Hörle burger und gemainer stat zeugwarth alhie seyn ordinary besoldung,

---

[22] Widmann Enoch: Geschichtsschreiber, geb. 21.XII.1551 in Hof im Voigtland. Studium der Theologie in Wittenberg, 1578 Mag., 1581 Cantor in Hof. 1596 Rektor der dortigen Universität, gest. 17. XII.1615. Er war der Verfasser der Geschichte der Stadt Hof, Originalhandschrift bis 1601.

wegen der uhr auf St.Steffans thurme zu richten sechzehn gulden vermög quittung.

fol.318: Nr.803/04/05: Also auch hab ich dem Hanns Winckhlmain, und Hannsen Palinger beede gemainer stat thurmwachter bey St.Steffan ihr ordinary besoldung vom neunundzwainzigisten december verschienen neunundachtzigisten biß wider auf dem selben tag diß neunzigisten jars, bringt zwoundfünfzig woch(en) lang, item ainem zuegeordneten wachter, nach gehörttem erdt pidem, so vom neunzehenten september biß auf den zweenundzwainigisten december diß jars bei der wacht im thurme dreizehen und ain halbe woche lang gedient, iede wochen ainem wachter sibenzehn gulden vier schilling pfenning und geschäffte hiebei (bezahlt).

fol.340: Nr.945: dem zwainzigisten des (Sept.) hab ich abermal denen werckhleuten so zu beschauung der rauchfanckh sich gebrauchen lassen, vier gulden (bezahlt).

WOLF, Johannes[23]: Lectiones memorabilies et reconditas, Tomus 2 (Rheinmichel 1600) 927 f.

Eadem die, qua PP.Vrbanus 7. eligebatur, terrae motus horribilis Viennam Austriae & multa Morauiae & Bohemiae loca concussit. Viennae aedes quam plurimae labefactatae: Turris D. Stephani ita conquassata, vt ruina illius metueretur: & de rastigio destruendo consilium capi necesse fuerit. Templum coenobij Scotorum & Hospitium ad solem aureum; patrona & familia illius diuersorij & hospitibus aliquot oppressis, concidit. Castellum Canisianum in finibus Hungaricis, media ex parte, magna militum strage facta, corruit. Praga quoq., haud parum contremuisse fertur. Haud procul a Vienna Austriae, agri Mephitim exhalarunt: & solum pluribus locis locustis atris constratum fuit, quae sub pedibus calcatae, teterrium odorem efflarunt.

---

23 Wolf, Johann: Arzt und Professor, geb. 10.August 1537 zu Bergzabern, Studien in Marburg. 1578 Leibarzt des Landgrafen von Hessen und Prof. an der Univ. Marburg

Übersetzung:

Zur selben Zeit als Papst Urban VII. gewählt wurde, hat ein erschreckendes Erdbeben Wien und viele Orte Mährens und Böhmens erschüttert. In Wien wurden mehrere Häuser zerstört, der Turm von St.Stephan wurde so (stark) erschüttert, daß man seinen Einbruch befürchtete und meinte, seinen Abbruch beschließen zu müssen. Die Kirche des Schottenklosters und das Gasthaus zur Goldenen Sonne stürzte ein und erdrückte die Patronin, die Familia und auch einige Besucher.

Die Festung Kanisza, die an der ungarischen Grenze liegt, stürzte zur Hälfte ein und tötete einen großen Teil der Soldaten. Es wird berichtet, daß Prag kaum erschüttert wurde. Nicht weit von Wien aber strömten die Felder schädlichen Geruch aus und die Erde war an manchen Orten von schwarzen Heuschrecken bedeckt, die, sobald sie zertreten wurden, einen furchtbaren Gestank verbreiteten.

Dies geschah am 6.September des Jahres 1590.

ZIEROTIN

Itinerarium Ladislai Weleri Zeratini baronis 1590-1594, Rom Bibl. Vaticana, MS Regin. lat. 613

fol. 7 r: Antiqui styli septembris die quinta, novi vero decimaquinto ab hora quinta paneridiana usque ad septimam diei sequentis, novem horribiles audiuimus terraemotus quorum vehementissimum inter horam 12 et 1 circa noctem intempestam, totam urbem et finitimam regionem per quadrantem horae continue conçussit, sic ut nulla in urbe domus illae sa reperiretur quae non ad mirimanum ducta cladem hanc testari potuisset. De turri ista pyramidali vehementer concussa ad S.Stephanum turriculae duae ad coronam positae, decidentes, templi vestibulum et sectum perforarunt: turri, tota ruinabat(ur) ruinam in formam arcus curuata. Ad S.Schotten tectum templi medium cum signis fractum languearia perrupit, altaria statuasque confregit, totumque templum ex solidis saxis exstructum foedi laceravit.

fol.7 v: Lectum suum habuerat quidam Artopola ad istius templi parietem in quem ipso dormiente, lapides magna copia decidentes homini nullum damnum dederant. Verum idem paulo post noctu a meretricibus duabus secum quos habuerat, strangulatus frustra liberationis exemplum viderat et sic justa Dei judicio libidinis suae poenas dedit. Culmen turris ad S.Michaelem in ipsam turrim quasi demersum est. Jesuitici fani turris capite diminuta fuit. Ad signum Aurei Solis prope Portam Rubram turris aedium corruens nouem homines, secure ut ajunt potantes in multamque noctem choreas duartes oppressit. In iisdem aedibus mire singulari. Dei providentia vir clarissimus dominus Johannes Lewenclavius cum famulo suo nobili Eberbachio seruatus fuit. Cubile etenim ipsorum in quo tantum Eberbachius tum dormiebat (Lewenclavius enim adhuc in proximo musaeo litera exarabat) quoque decidit. Eberbachius in stabulum usque cum suo lectulo detrusus, salvus tamen inde provepsit, cum propter ipsum aliquot equi perijssent. Famulus istarum aedium cum turrim nutantem (fol.8 r): et iam ruentem praevideret, sese involutum lectulis e fenestra praecipitavit vitamque suam ab obressione asseruit. Postridie Archidux Ernestus male fidens arci rimosae extra urbem ad S.Uldericum celebrari missam jubet. Cum itaque sacrificulus in ipso existeret actu, subitus aboriebatur a terraemotu murmur et tremor. Sacerdos relicta hostia templi ruinam metuens coemiterium citato cursu petiit: Sequuntus eum Archidux et omnes aulici. Brevi terribilis hic terraemotus ingentem urbi cladem intulit, mane omnes plateae tegulis et lapidibus stratae erant. Quisque suas ut potuit aedes tibicinibus fulcivit. Egressi plurimi in suburbia et pagos, ut vix decima civium pars in urbe maneret, quorum plerique aedibus suis diffidentes noctu in areis ante arcem et Jesuitarum collegium sub dio pernoctarunt. Durarunt vero haec terrae concussiones recidisse in annum usque sequentem.

Übersetzung: Am 5.September, nach altem Stil, am 15.September nach neuem Stil, verspürten wir von der 5.Vormittagsstunde bis zur 7.Stunde des folgenden Tages neun erschreckende Erdbeben. Das stärkste war zwischen 12 und 1 Uhr nachts. Es erschütterte während einer viertel Stunde die gesamte Stadt und die Umgebung so, daß in der ganzen Stadt kein Haus gefunden werden kann, daß nicht Zeugnis ablegen kann über dieses erstaunliche Unglück.

Bei St.Stephan fielen zwei kleine Türmchen, die an der Spitze des pyramidenförmigen Turmes angebracht waren, herunter und durchbrachen das Vestibül der Kirche.

Bei der Schottenkirche stürzte das halbe Kirchendach ein, zerstörte die Altäre und Statuen und die gesamte Kirche richtete es bis auf die Grundmauern zugrunde.

fol.7 v: Ein gewisser Artopola hatte seine Liegestatt an der Mauer der Kirche. Diesem fügte aber, während er schlief, die große Zahl der herabfallenden Steine keinen Schaden zu. Derselbe wurde aber ein wenig später in der Nacht von zwei Dirnen, die um ihn waren, bedrängt und vergeblich schaute er nach einer Möglichkeit der Befreiung und büßte schließlich nach dem Urtei Gottes die Strafe für seine Begierden.

Die Turmspitze bei St.Michael stürzte gleichsam in den Turm hinein. Der Turm der Jesuitenkirche wurde um die Spitze verkürzt. Bei der Goldenen Sonne, in der Nähe der Roten Pforte, stürzte ein Turm ein und erdrückte neun Menschen, die wie man sagt, sorglos bis weit in die Nacht hinein tranken und Reigentänze aufführten.

In diesem Gebäude wurden auf wunderbare Weise nach der Voraussicht Gottes der hochberühmte Herr Johannes Löwenklau mit seinem vornehmen Diener Eberbach sicher bewahrt. Ihr Schlafgemach, in welchem zu der Zeit nur Eberbachius schlief (Löwenklau arbeitete nämlich im Nachbarzimmer noch an einem Brief) stürzte auch ein. Eberbachius wurde mit seinem Bett bis zum Stall hinunter gestossen, dennoch rannte er von hier gesund weg, als wegen des Erdbebens einige Pferde zugrunde gingen.

Der Diener des Hauses warf sich, als er den Turm des Hauses sich neigen und vorhersah, daß er einstürzten würde, nachdem er sich aus dem Bett weggewälzt hatte, aus dem Fenster und rettete so sein Leben aus der Gefahr. Am folgenden Tag befahl Erzherzog Ernst, da er der Burg, die voller Risse war, nicht traute, die Messe bei St.Ulrich außerhalb der Stadt zu lesen. Als aber der Priester bei der Wandlung war, entstanden infolge des Erdbebens Lärm und Erschütterung. Der Priester ließ die Hostie zurück und eilte, da er den Einsturz der Kirche fürchtete, auf den Friedhof. Ihm folgten der Herzog und alle Hofleute. In Kürze fügte das Erdbeben der Stadt großes Unheil bei. Am Morgen waren alle Plätze mit Dachziegeln und Steinen bedeckt. Jeder stützte, so gut er konnte, sein Haus. Viele waren in die Vorstadt und in die Dörfer gegangen, sodaß kaum ein Zehntel der Bürger noch in der Stadt war. Von diesen haben viele unter freiem Himmel vor der Burg und vor dem Jesuitenkollegium übernachtet, da sie ihren Häusern mißtrauten. Die Erderschütterungen dauerten, schwächer werdend, bis zum folgenden Jahr.

ADATOK a szent-Ferenczrendiek történetéhez honukban. Szerzö ismeretlen (Religió I. és II. év) (Daten zur Geschichte des heiligen Franziskanerordens unserer Heimat) (Pest 1849/50), in: Réthly, Antal: A Kárpátmedencék Földrengései (455-1918) (Budapest 1952), ref.263

BENCSIK, Janos: Regi magyar földrengesek. Az Idöjaras, Jg.V (1901)

BERICHTE und Mittheilungen des Altertums-Vereines zu Wien, Bd.VIII (Wien 1865) XXXVI: Gesuch Hans Ofners an Erzherzog Ernst, Hofkammer-Archiv

BEYERLIN, Laurens Alberti: Magnum theatrum vitae humanae, hoc est rerum divinarum humanarumque syntagma, catholicum, philosophicum, historicum et dogmaticum, nunc primum ad normam polyantheae cujusdam universalis per locos communes juxta alphabeti seriem etc. dispositum, 8 Bände, tom. 7 (o.O. 1656), nach Bonito, Marcello: Terra tremante, overo continuatione de'terremoti dalla creatione del mondo sino al tempo presente (Napoli 1691)

BIACK, Otto und Anton KERSCHBAUMER: Geschichte der Stadt Tulln (Tulln 1966)

BOLT, B.A.: Erdbeben, eine Einführung (Verl. Springer, Heidelberg 1984)

BONITO, Marcello: Terra tremante, overo continuatione de' terremoti dalla creatione del mondo sino al tempo presente (Napoli 1691)

BRENNER, Leopold: Historia cartusiae Mauerbacenses, in: Pez, Hieronymus: Scriptores rerum Austriacarum, 2. Band (Leipzig 1725)

BREZAN, V.: Annales illustris principis ac. d.d. Petri Vok Ursini de Rosis, Spisu musejnich c.XXIV (Praha 1847)

BRNO, Habermannova Kronika Jihlavska spana V.1540-1671, Staatsarchiv Brno Rks 434

BRUCKNER, Gottlieb: Ödenburger Chronik, Bürger von Ödenburg, in: Az Idöjaras Jg.1940 (1940)

BUCHROITHNER, Manfred F.: Erläuterungen zur Karte der LANDSAT - Bildlineament von Österreich 1:500.000 (Wien, Geologische Bundesanstalt 1984)

CHLUMECKY, P. von (hg.): Chronik von Brünn des Rathsherrn und Apothekers Georg Ludwig (Brünn 1859)

CHRONIK DES LEMP: nach REINDL, Josef: Die Erdbeben Nordbayerns, in: Abhandlungen der naturhistorischen Gesellschaft in Nürnberg 15 (Nürnberg 1905), 250-295

CLUVERUS, Johannis: Epistome historiam totius mundi a prima rerum origine usque ad annum Christi MDCXXX e DC amplius autoribus sacris profanisque ad marginem adscriptis deducta et historia unaquaeque ex sui seculi scriptoribus, ubi haberi potuerunt, fidelitur asserta (Lugduni Batavarum 1754), 744 nach BONITO, Terra tremante, 727

DRIMMEL, Julius, GANGL, Georg, GUTDEUTSCH, Rolf, KOENIG, Manfred und Erich TRAPP: Modellseismische Experimente zur Interpretation makroseismischer Daten aus dem Bereich der Ostalpen, in: Zeitschrift für Geophysik 29 (1973)

DRIMMEL, Julius und Eduard TRAPP: Das Starkbeben am 29.Januar 1867 in Molln, Oberösterreich, in: Mitteilungen der Erdbeben-Kommission, N.F.76 (Wien 1975)

DRIMMEL, Julius: Rezente Seismizität und Seismotektonik des Ostalpenraums, in: Der geologische Aufbau Österreichs (Wien 1980)

DRIMMEL, Julius: Kernkraftwerk Zwentendorf - Geophysikalische Aspekte, in: Kernenergie für Österreich (= Schriftenreihe "Sicherheit und Demokratie", Wien 1980)

DRIMMEL, Julius und Erich TRAPP: Die Erdbeben Österreichs 1971-1980, in: Sitzungsberichte der österreichischen Akademie der Wissenschaften, mathematisch-naturwissenschaftlichen Klasse Abt.1, Bd.191, Hefte 1-4 (Wien, New York 1982)

DRIMMEL, Julius: Seismische Intensitätsskala 1985 (SIS 1985) (Vorschlag einer Neufassung der Intensitätsskala MSK 64), in: Arbeiten aus der Zentralanstalt für Meteorologie und Geodynamik, Heft 62 (Wien 1985), Publikation Nr.299

DRIMMEL Julius und Gabriele LUKESCHITZ: Makroseismische Neubearbeitung der "Neulengbacher"-Beben der Jahre 1873, 1875 und 1895, in: Anzeiger der mathematisch-naturwissenschaftlichen Klasse der österreichischen Akademie der Wissenschaften 1986 (im Druck)

EISEL, R.: Chronik verschiedener Naturerscheinungen innerhalb Reusenlands und insbesondere der Umgebung Geras bis 1862 (Gera 1862)

FRANKE, Auguste und Rolf GUTDEUTSCH: Eine makroseismische Auswertung des Nordtiroler Bebens bei Namlos am 8.Oktober 1930, in: Mitteilungen der Erdbeben-Kommission, N.F.73 (Wien, New York 1973)

FRANKE, Auguste und Rolf GUTDEUTSCH: Makroseismische Abschätzungen der Herdparameter der österreichischen Erdbeben aus den Jahren 1905-1973, in: Journal of Geophysics 40 (1974) 173-188

GESCHICHTLICHE BEILAGEN zu den Diözesan Currenden der Diözese St.Pölten, 1.Bd. (St.Pölten 1878)

GEIBLINGER, Stephan: Geschichte der Pfarrgemeinde und Schulgemeinde Tulbing, umfassend die Dörfer Tulbing mit Tulbing am Kogel und Katzelsdorf (Tulbing 1933)

GIESSBERGER, Johann: Die Erdbeben Bayerns, 1.Teil, in: Abhandlungen der königlich bayrischen Akademie der mathematisch-physikalischen Klasse 29/6 (München 1922)

GUTDEUTSCH, Rolf und Kay ARIC: Erdbeben im ostalpinen Raum, in: Arbeiten der Zentralanstalt für Meteorologie und Geodynamik 19 (Wien 1976)

GUTDEUTSCH, Rolf: Naturkatastrophen der Gegenwart - Vorsorge und Prognose, in: Österreichische Akademie der Wissenschaften 1986 (im Druck)

HANSEN, Ludwig: Das Viertel ober dem Wienerwald im Spiegel des Bereitbuches von 1591 (Diss.Wien 1974)

HANTKEN, Max von Prudnik: Das Erdbeben von Agram im Jahre 1880, in: Mitteilungen aus dem Jahrbuche der kgl. ungarischen Geologischen Anstalt, 4.Band (Budapest 1882)

HEDERICUS, Johannes (Johann Heidenreich): Oratio de Horribili et Insolito Terrae motu, qui recens Austriam vehementer concussit, & aliquot vicinas regiones agitauit (Helmstadt 1591)

DIE HEIMAT, Beilage zu "Neue Görlitzer Zeitung", Jg.1929, Heft 12, 48

HEINKE, C.: Über Erdbeben in der Lausitz, in: Oberlausitzer Heimatzeitung 2 (1923), 208-209

HIRSCHVOGEL, Augustin: Beschreibung des Erzherzogthumb Oesterreich ober der Enns (o.O. 1583)

HOFF, Karl Ernst Adolf von: Chronik der Erdbeben und Vulcan-Ausbrüche mit vorausgehender Abhandlung über die Natur dieser Erscheinungen, Erster Theil: Vom Jahre 3460 vor bis 1759 unserer Zeitrechnung, in: Geschichte der durch Überlieferung nachgewiesenen natürlichen Veränderungen der Erdoberfläche IV.Theil (Gotha 1840)

HULSIUS, Laevinus: Chronologia, hoc est brevis descriptio rerum memorabilium in provinciis hac adiuncta tabula topographica comprehensis gestarum usque ad hunc MDIIIC annum presentem: ex variis fide dignis authoribus collecta per Levinum Hulsium Gandensem (Nürnberg 1597)

HURTIG Eckhart und Heinz STILLER: Erdbeben und Erdbebengefährdung (Berlin 1984)

ISTHVANFFI, Nicolaus Pannonius: Historiam de Rebus Vngaricis Libri XXXIV. Nunc primum in lucem editi. Coloniae Agrippinae, Sumptibus Antonij Hierati (Köln 1622)

JAHODKA Matěj z Chrudimě: Zialostné Sepsánij o novém země Třësenij hrozném a strassliwém, kteréž se Letha MDXC w Sobotu po Památce Powýssenj Swatého Křjže, w tomto Králowstwj Cžeském, y w giných okolnijch Zemijch a Kraginách, z dopusstěnij Božijho stalo. W Starém Městě Pražském, u Danyele Sedlčanského. (8 °, 70 str. nečís., Str. FK IV 71)

JEITTELES, Heinrich Ludwig: Versuch einer Geschichte der Erdbeben in den Karpathen- und Sudeten-Ländern bis zum Ende des 18.Jahrhunderts, in: Zeitschrift der deutschen Geologischen Gesellschaft 12 (1860)

JIRECEK H. rytiř ze Samokova: Královské věnně město Vys. Mýto.(1884), 66, 67, 130, 132

JITCINSKY, Jan Filoxenes: Nowiny nesstastné z Hory Gutny, kteréž se staly den Sstědrého weczera z dopusstěnij Božijho nynij při konci roku 90. Prwnij, o ohni, kterýž se stal w sobotu před čtwrtau nedělij adwentnij. Druhé, O zbořenij dwau sstijtu z domu pana Zykmunda Ssteysska, též w Hory Gutny. Při tom o zmordowaných lidech, jichž se nasslo, w počtu jedenmecijtma osob, kterýž od zemětřesenij, a od týchžsstijtu zahynuli a mnozí raněnij odtud zdobejwáni. Kdo bude bedliwě čijsti wsseho se viceji dočte. Jan Filoxenes Jitčinsky wytlačil. (4°, Str. AA XIV 4.)

KAMENICKY, J.: Výjimky z pamětni knihy soběslavské, Ceská včela č. 34 (Praha 1834)

KAPG, working group 4,3, Atlas Of Isoseismal Maps, Geophysical Institute of the Czechoslovak Academy of Science (Prag 1978)

KÁRNÍK, V., MICHAL, E. und A. MOLNÁR: Erdbebenkatalog der Tschechoslowakei, in: Trav.de l'Inst.Géophys.de l'Acad.Tchéchosl. Sc.No.69 (1957) 411-598

KATZEROWSKI, Wenzel: Die meteorologischen Aufzeichnungen der Leitmeritzer Stadtschreiber aus den Jahren 1564 bis 1607. Ein Beitrag zur Meteorologie Böhmens (Prag 1886)

KIESLINGER, Anton: Der Bau von St.Michael in Wien und seine Geschichte (Wien 1953)

KIRCHBERG/WECHSEL, zur GESCHICHTE des Frauenklosters in Kirchberg/Wechsel, in: Blätter des Vereins für Landeskunde von Niederösterreich, Bd.22 (Wien 1888)

KOWATSCH, A.: Das Scheibbser Erdbeben vom 17.Juli 1876, in: Mitteilungen der Erdbeben-Kommission der kaiserlichen Akademie der Wissenschaften, N.F.40 (Wien 1911)

KNEZOVSKY, V.: Pameti z let 1578-1620 (Univ. Bibl. Prag)

KRETZ, Frantisek: Kronika města Prostv ejova, Casopis vlast. musejního spolku v Olomouci č. 125 (Olomouc 1920)

KUMLIK, Emil: Képes pozsonyi kalauz (Pozsony 1897), in: Rethly, Antal: A Kárpátmedencék Földrengései (455-1918) (Budapest 1952), ref.59

KUTNA HORA, Memorabilia 1589-1590, Archiv der Stadt Kutna Hora, Rkp.zápisy o zemětřesení v Kutné Hoře dne 15. září 1590. (Archiv kutnoh., kniha memorab. z l. 1589-1590, 015, 014, 022 p.v.; viz lit.:IV., V.)

LASKA, Václav: Die Erdbeben Polens, in: Mitteilungen der Erdbeben-Commission der kaiserlichen Akademie der Wissenschaften in Wien, N.F.8 (Wien 1902)

LINCK, Bernardo: Annales Austrio-clara-vallenses seu fundationes monasterii clarae-vallis Austriae, vulgo Zwetl, ordinis Cisterciensis initium et progressus, Tomus II (Wien 1725)

LINZBAUER, Franz Xaver: Codex sanitario-medicinalis Hungariae, Tomus I (Budae 1852)

LÖWENTHAL, Martin Leupold von: Chronik der Stadt Iglau (1402-1607), in: Mährische und Schlesische Chroniken, hg. von der mährisch-schlesischen Gesellschaft, Quellen-Schriften zur Geschichte Mährens und Österreichisch-Schlesien, 1.Sektion: Chroniken, 1 Teil (Brünn 1861)

MADER, Helmut: Das Viertel unter dem Wienerwald im Spiegel des Bereitbuches von 1590/91 (Diss.Wien 1970)

MARES, Frantisek: Kronika budějovická, Věstník královske česke polecnosti nauk, Tř. filos.-hist.-jaz., Jg. 1920 (Prag 1922)

MASCO, Balthasar: Speculum terrae motus, Das ist Erdbidems Spiegel. (o.O. 1591)

M.I.A.W. Chronica oder Sammlung alter und neuer Nachrichten von den merkwürdigsten Erdbeben, sowohl wie sich solche seit der Schöpfung bis zu gegenwärtigen Zeiten in allen vier Theilen der Welt geäussert, als auch, was selbige für Ursachen zum Grunde haben (Wien 1764)

MICHAL, Emanuel: Literatura o zemétřesení v Cechach do r. 1620, in: Věstník Ročník 50 (1941)

MOLLERO, A.P.: Theatrum Freibergense Chronicum, Beschreibung der alten löblichen BergHauptstadt Freyberg in Meissen (Freiberg 1653)

NEUBECK, Caspar: Zwo Catholische Predigen. Gehalten zu Wienn in Österreich/ in offentlichen versamblungen zum gemeinen Gebett/ wider die Schröckliche Erdtbidem/ so sich Anno 1590 den 15.September/ vnd nachmals vilfertig erzeigt haben (Wien 1591)

NÜRNBERG, Chronik, Nürnberg Staatsarchiv, HS Nr.433 (alte Nr.289) fol. 75/76

NÜRNBERG, Chronik: Anfang und Ursprung Nürnbergs, München BSTB, Cod.byr.2064 fol.313

OGESSER, Joseph: Beschreibung der Metropolitankirche zu St.Stephan in Wien (Wien 1779)

PETERSCHMITT, E.: Sur la variation de l'intensité macroseismique avec la distance épicentrale (=Publ. du BCIS, Tr.Sc., Serie A, F 18, Strasbourg 1952)

PETRAK, E.R.: Das jüngste Erdbeben im Riesengebirge. Das Riesengebirge im Wort und Bild III (1883)

PILGRAM, Anton: Untersuchungen über das Wahrscheinliche der Wetterkunde (Wien 1788)

PLENCIZ, Marcus-Anton: Opera medico-physica in 4 tractatus dipesta. Tractatus IV "De terrae motu" (Wien 1762)

PLESSER, Alois: Beiträge zur Geschichte der Pfarre Strengberg, in: Geschichtliche Beilagen zu den Consistorial-Currenden der Diözese St.Pölten 5 (1895) 145-279

POHLUDKA, Simon: Erdbeben in Mähren und Schlesien, in: Mitteilungen des Naturwissenschaftlichen Vereins in Troppau 1 (Troppau 1895)

POL, Nikolaus: Jahrbücher der Stadt Breslau, hg. von J.G. Büsching und J.G. Kunisch, Zeitbücher der Schlesier Bd.4 (Breslau 1823)

PREUENHUEBER, Valentin: Annales Styrenses samt dessen übrigen historisch-genealogischen schrifften. Zur nöthigen Erläuterung der Oesterreichischen, Steyermaerkischen und Steyerischen Geschichten. Aus der Stadt Steyer uralten Archiv und anderen glaubwürdigen Urkunden, Actis publicis und bewaerten Fontibus mit besondern Fleiß verfasset (Nürnberg 1740)

PRIBRAM, Alfred Francis: Materialien zur Geschichte der Preise und Löhne in Österreich, Band 1 (= Veröffentlichungen des Internationalen Wissenschaftlichen Komitees für die Geschichte der Preise und Löhne 1, Wien 1893)

PROCEEDINGS of Specialist Meeting on the 1976 Friuli Earthquake and the antiseismic design of nuclaer Installation, Volume 1 (Mai 1978)

PROCHÁZKOVÁ, Dana und Julius DRIMMEL: Several supplements to material on seismic activity in Czechoslovakia, in: Contrib. Geophys. Inst. Slov. Acad. Sci. 14 (1983)

RADICS, Peter von: Historische Erdbeben in Schlesien, in: Die Erdbebenwarte I (Laibach 1901/02)

RADICS, Peter von: Geschichtliche Erinnerungen an Wiener Beben 1581 und 1590, in: Die Erdbebenwarte 5 (Laibach 1905/06)

RASCH, Johannes: Erdbidem Chronic nach art eines Calenders, sambt einem kurtzen bericht und Catalogo Autorum. Darin allerley Erdbiden vnd Erdklüfften, vor Christi Geburt 1569 und sovil deren biß auf diß 1591 jars her beschrieben (München 1591)

REINDL, Josef: Die Erdbeben Nordbayerns, in: Abhandlungen der naturhistorischen Gesellschaft in Nürnberg 15 (Nürnberg 1905)

REMES, M.: Zemětřesení na Moravě pozorovaná, věst. klubu přírodověd. v Prostějově za r.1902, Jg.V, in: KARNIK, V., MICHAL, E. und A. MOLNAR: Erdbebenkatalog der Tschechoslowakei bis zum Jahre 1956 (Praha 1957), ref.215

RETHLY, Antal: Az 1900., 1901. es 1902. evi magyarorszagi földrengesek. 91 + XL oldal. Meteorologiai es Földmagnessegi Intezet kiadasa (Budapest 1909)

RICCIOLI, Giovanni Battista: Chronologiae reformatae et ad certas conclusiones redactae (= Res memorabiles ante vel post Christi ortum), tom.2 (Boboniae 1669), 320, nach Bonito, Terra tremante, 727

RICHTER, Charles: Elementary Seismology (San Francisco London 1958)

SALY, August: Földrengések Magyar-hazánk határain, különösen váro sunkban; történeti adatok és kéziratok nyomán. (A Pannonhalmi Szent-Benedekrendiek omi algymnáziumának tizedik programmja az 1859/60 évben) (Komárom 1860)

SCHIFFMANN, Konrad (hg.): Die Annalen (1590-1622) des Wolfgang Lindner, in: Archiv für die Geschichte der Diözese Linz. Beilage zum Linzer Diözesanblatt. hg.vom bischöflichen Ordinariat, Jg.VI/VII (Linz 1908)

SCHÖFBECK, Leopold: Chronik der Marktgemeinde Königstetten (Königstetten 1983)

SCHULZE, H.: Chronik der Stadt Naunhof (Naunhof 1898)

SCHWEITZER, David: Ein Christliche Bußpredigt/ auch Gründtliche vnnd außführliche Erklärung/ der erschröcklichen/

grausamen vnd schädlichen Erdbeben, so sich im verlauffenen 90.Jahr den 15.Septemb. vnd nachmals vielfältig in Oesterreich/ und andern vmbliegenden gräntzenden Ländern vnd Königreich/ erzeugt haben: Gehalten Zu Schöngrabern in Nider Oesterreich/ Anno 1590. den 14.Sontag nach Trinit (Frankfurt/ Main o.J.)

SHEBALIN, N.V.: Macroseismic data as information on source parameters of large earthquakes. Phys. Earth. Planct. Int. 6 (1971)

SHEBALIN, N.V., KARNIK, V. und D. HADZIEVSKI (hg.): Catalogue of Earthquakes, in: UNDRO/UNESCO Survey of the seismicity of the Balcan Region (Skopje 1974)

SHEPESHAZY, Carl von und J.C. THIELE: Merkwürdigkeiten des Königreiches Ungarn oder historisch-statistisch-topographische Beschreibung aller in diesem Reiche befindlichen Städte, Band 2 (Kaschau 1825)

SIEBERG, August: Geologische, physikalische und angewandte Erdbebenkunde (Jena 1923)

SIEBERG, August: Beiträge zum Erdbebenkatalog Deutschlands und angrenzender Gebiete für die Jahre 58 bis 1799, in: Mitteilungen des Deutschen Reichs-Erdbebendienstes, Heft 2 (Berlin 1940)

SPANGAR, András krónikája. Kassa 138. Ruisz Gyula, Bábolna gyüjteséböl nach Réthly, Antal: A Kárpátmedencék Földrengései (455-1918) (Budapest 1952), ref.18

STEINHOFER, Johann Ulrich: Ehre des Herzogthums Würtemberg in seinen durchlauchtigsten Regenten; oder die neue Wirtembergische Chronik, Bd.1 (Tübingen 1744), 318

SUESS, Eduard: Die Erdbeben Niederösterreichs. II. Abschnitt - Das Erdbeben vom 15. und 16.September 1590, in: Sitzungsberichte der mathematisch-naturwissenschaftlichen Klasse der kaiserlichen Akademie der Wissenschaften (Wien 1873)

TEICHL, A.: Geschichte der Stadt Gratzen (Gratzen 1888)

TEPLY, F.: Dějiny města Jindřichova Hradec I, část 2 (1927) und II, část 3 (1934), 321,405

TERRA TREMENS (Nürnberg 1670)

TOLLMANN, Alexander: Ist Zwentendorf erdbebengefährdet? Artikel in: Die neue Kronenzeitung vom 4.Oktober 1978

TOPERCZER Max und Erich TRAPP: Ein Beitrag zur Erdbebengeographie Österreichs nebst Erdbebenkatalog 1904-1948 und Chronik der Starkbeben, in: Mitteilungen der Erdbeben-Kommission N.F. 65 (Wien 1950)

TRAPP, Erich: Die Erdbeben Österreichs 1949-1960. Ergänzung und Fortsetzung des österreichischen Erdbebenkatalogs, in: Mitteilungen der Erdbeben-Kommission N.F.67 (Wien 1961)

TRAPP, Erich: Die Erdbeben Österreichs 1961-1970, in: Mitteilungen der Erdbeben-Kommission N.F.72 (Wien New York 1973)

TREBON, Chronik, Historia No.5500 Staatsarchiv Třeboň

UNGLÜCKS-CHRONICA vieler grauhsamer und erschrecklicher Erdbeben (Hamburg 1692)

VACEK, F.: Paměti královského města Velvar (Praha 1884)

VAVRE, J.: Dějiny města Kolína n.L. (Kolín 1888)

VISCHER, Matthaeus: Topographia Austriae Superioris Modernae (o.O. 1674)

VOLMARY, Marcus: Newe Zeittung vom schröcklichen Erdbidm/ den 15.nach dem Newen/ aber den 5.tag Septembris/ nach dem alten Calender/ deß 1590.Jars/ zu Wien in Oesterreich geschehen: Sampt einer Erleuterung Marci Volmarij... (o.O.1591)

WECK, Anton: Der Kurfürstlich sächsische weitberufenen Residenz und Haupt-Vestung Dresden Beschreib- und Vorstellung, auf der churfürstlichen Herrschaft gnädigsten Belieben verfasset durch Antonium Wecken. 16. Titel -

Von Mißgeburten/Wunderzeichen/ Erdbeben/ungemeinen Begebenheiten/Unglücke (Nürnberg 1680)

WEINDRICH, Martin: Commentatiuncula de terrae motu pronunciata a Martino Weindrichio Professore Physices in Gymnasio Vratisl: Vratislaviae in Officina Typographica Georgii Baumanni, i.Anno 1591 (Breslau 1591)

WERNER, Melchior: Chronik von Bautzen, Kreisbibliothek Bautzen, vormals Senftenberg Sign. 8 4° 2 2, nach: Kozak, J. und P.Schmidt: Abbildungen seismologischer Inhalte in europäischen Drucken des 15. bis 18.Jahrhunderts, in: Geschichte der Seismologie, Seismik und Erdgezeitenforschung, Veröffentlichungen des Zentralinstituts für Physik der Erde Nr.64 (Potsdam 1981)

WIDMANN, Enoch: Chronik des Enoch Widmann (Hof 1592) nach Meyer, Christian (hg.): Hohenzollerische Forschungen, Jahrbuch für die Geschichte der Hohenzollern, insbesondere des fränkischen Zweiges derselben und seiner Lande. Jg.2 (München 1893) 1-128 und 230-434

WOLF, Johannes: Lectiones memorabilies et reconditas, Tomus 2 (Rheinmichel 1600)

Nachtrag zu Anhang B:

MASCO, Balthasar: Speculum terrae motus, Das ist Erdbidems Spiegel. (o.O. 1591)

Anno 1590. Den 29. Junij/ ist in Oesterreich vnter der Enß ein Erdbidem gehört vnd vermerckt worden/ zwischen 5.vnd 6.Vhr zu Abends zeyt/ vnd ist Gott dem HErrn hoch zu dancken/ daß es ohn schaden abgangen.

Dernach aber den 15.September/ eben in disem vergangenem Jar/ hat es vmb 5.vnd 6.vhr nach mittag/ zwen so starcke Erdbidem gehabt/ welche gleichwol die Statt Wien/ vnd die fuernembsten Gebew darinnen/ auch andere oerter ob vnd drunter darumb etwas hart erschuettelt. Nachmals aber in der nacht/ vngefehrlich ein viertel stund auff eins/ ist ein solch schrecklich Erdbeben wider kommen/ dergleichen sich in disen Landen kein Mensch zu erinnern/ vnd ist dauon Sanct Michaelis Thurn/ auff ein zwey klaffter ob dem Gang gar eingefallen. In der Schotten Kirchen ein starcker theil deß Tachwercks eingangen/ dadurch auch das Gewelb in der Kirchen durchbrochen/ vnd vbel zugericht worden. St.Steffans Thurn hat sich gegen der Singerstraß ein mercklich Stueck vom Thurn gelediget/ welches theils herab gefallen auff den Frythoff/ eins theils aber hat sich gegen der Kirchenwerts angelegt/ vnnd klebt also mit grosser verwunderung/ Und ist mit dem Thurn darzukommen (wie vil leut sagen) das man ihn schwerlich ohn schaden vnnd nachtheil abtragen kan. Das Wirtshauß zu der Guelden Sonnen/ wie man zum Rothen Thurn aufgehet/ ist einestheils eingefallen/ vnd sind darinnen 9.Personen verschuett worden. Diß Erdbidem hat auch sehr vil Haeuser zerrissen/ vnd vnter dem Volck ein solchen schrecken gemacht/ daß ihr vil mit Weib vnd Kind auß der Statt in ire Gaerten vnd auff das Land sich begeben. Ja diß Erdbidem ist in disem Lands Oesterreich an vilen orten mehr gewesen/ vnd hat vil Kirchen/ Schloesser vnnd Haeuser beschediget/ als/ es hat das Kloster Mawerbach/ sampt einem Dorff/ da dann Mann/ Weib vnd Kind in grossen jammer waren eingeworffen. In der Statt Dulln vil Haeuser vnd Kirchen zerrissen/ Koenig Staetten/ Dulbing/ Judenaw das Schloß/ vnd

Haeuser jaemmerlich verderbet/ vnd eingeworffen. Item Buechsendorff/ sampt vilen Haeusern darbey. Tiffendorff/ zwey Schloesser/ zu Sitzkirchen bey 50. Haeuser vnd die Kirchen/ zu Abstetten/ die Kirchen vnnd Haeuser/ Rappolts Kirchen das Schloß vnd Kirch/ zu Galbersdorff 22 Haeuser/ Leubersdorff 24.Atzersdorff das Schloß vnnd die Haeuser/ Baumgart das Schloß/ Dozenbach die Kirch vnnd das Schloß eingeworffen/ vnd elendiglich verschuettet. Fuerwar es ist diß juengstlich Erdbidem nicht fuer geringschetzig zu halten/ daß es mehr gefahr vnd jammers auff sich hat/ als jetzo von mir kañ gemeldet werden/ darzu hat er vil Wochen gewehret.

Liste der Fachwörter

Bodenverflüssigung (engl. liquifaction): Vorgang an unverfestigten Sedimenten und Sand, die sich während der Bodenerschütterung eher wie eine Flüssigkeit hoher Dichte als eine feuchte feste Masse verhalten.

Dislokation: Die nach einem Beben am aufgerissenen Bruch verbleibende Versetzung der Bruchflanken.

Duktilität: Plastische Deformierbarkeit, z.B. bei Schmiedeeisen.

Einfallen: Der Winkel, welchen eine Gesteinsschicht oder Störungsfläche mit der Horizontalen bildet.

Epizentrum: Punkt auf der Erdoberfläche senkrecht über dem Herd (Hypozentrum) des Bebens.

Herd(Hypozentrum): Ort, an dem die Erdbebenbewegung durch das Aufreißen einer Störung ihren Anfang nimmt.

Herdlänge: horizontale Ausdehnung des bei einem Beben aufgerissenen Bruches.

Herdtiefe (von Erdbeben): Tiefe des Herdes unter der Erdoberfläche.

Intensität (eines Erdbebens): Zahlenmäßige Zuordnung des Grades der Bodenerschütterung auf Grund von Gebäudeschäden, Veränderungen der Gestalt der Erdoberfläche und Wahrnehmungen.

Isoseisten: Linien gleicher seismischer Intensität.

Magnitude (von Erdbeben): Quantitatives Maß der Erdbebengröße, ausgedrückt durch den Zehnerlogarithmus der stärksten Bodenbewegung, die während des Durchganges einer bestimmten seismischen Wellenart auftritt. Verwendung eines Standartseismographen und Korrekturen nach Entfernung der Beobachtung vom Epizentrum und lokale Untergrundbeschaffenheit notwendig.

Ms= Magnitude aus den vom Beben abgestrahlten Oberflächenwellen,

mb= Magnitude aus den vom Beben abgestrahlten Raumwellen.

Makroseismik: Jener Teil der Seismologie, der sich mit den bei Erdbeben auftretenden Effekten im Schüttergebiet befaßt, die ohne Seismographen feststellbar sind.

Meizoseismische Zone: Gebiet der stärksten Bodenerschütterungen und Gebäudeschäden durch Erdbeben.

MSK (64) – Skala: Von Medvedev, Sponheuer und Karnik 1964 aus der ursprünglichen Mercalli-Sieberg-Cancani-Skala weiterentwickelte 12-gradige Intensitätskala.

Nachbeben: kleinere Erdbeben, die dem größten Beben einer Serie in einem begrenzten Volumen der Erdkruste nachfolgen.

Negativ – Meldung: Meldung, die definitiv aussagt, daß das Beben nicht wahrgenommen wurde.

Oberflächenwelle: Seismische Welle, die an die Erdoberfläche gebunden ist.

Quellenkritik: Arbeitsbereich des Historikers zur Bewertung des Aussagewertes einer historischen Quelle

Risiko: Das Produkt aus bewertbarem Schaden (z.B. in Mill. $ oder Verlust an Menschenleben) und der Wahrscheinlichkeit, daß in einer bestimmten Zeit und Region ein Beben bestimmter Magnitude auftritt.

Schüttergebiet: Gebiet, in dem das Beben wahrgenommen wurde.

Seismische Welle: Elastische Welle im Erdinneren, die durch ein Erdbeben oder Sprengung erzeugt wird.

Seismische Woge: (japanisch: Tunami oder Tsunami) Lange Ozeanwelle, die durch eine Bewegung des Ozeanbodens erzeugt wird.

Seitenverschiebungen (an einer geologischen Störung): Horizontale Verschiebung der Flanken.

SIS (1985): Seismische Intensitätsskala (1985, nach J.Drimmel, Vorschlag einer Neufassung der Intensitätsskala MSK 64).

Störung (oder Verwerfung): Bruchfläche oder Zone von Bruchflächen im Gestein, längs der die beiden Seiten relativ zueinander versetzt sind.

Tektonik: Deformation aller Größenordnungen im Bereich der obersten Gesteinsschichten der Erde.

Tiefenausdehnung (eines Bebens): Tiefenausdehnung des beim Beben aufgerissenen Bruches.

Vorbeben: Viele kleine Erdbeben in einem begrenzten Gesteinsvolumen, die einem größeren vorangehen.

Stichwortverzeichnis

Bildteil und Tabellen

Abb.1a: Zeitgenössische Flugschrift über die Auswirkungen des Erdbebens vom 15.September 1590 in Wien (Augsburg 1590). Bild und Begleittext wurden als Quellengattung D eingestuft.

Fig.1a: Contemporary depiction of Vienna damaged by the earthquake of September 15th 1590 (Augsburg 1590). Picture and text have been classified as source of type D.

Additional material from *Erdbeben als historisches Ereignis,*
ISBN 978-3-540-18048-7 (978-3-540-18048-7_OSFO1),
is available at http://extras.springer.com

Abb.1b: Zeitgenössische Flugschrift über die Auswirkungen des Erdbebens vom 15.September 1590 in Wien (Olomouc 1590). Bild und Begleittext wurden als Quellengattung D eingestuft.

Fig.1b: Contemporary depiction of Vienna damaged by the earthquake of September 15th 1590 (Olomouc 1590). Picture and text have been classified as source of type D.

Prawdiwe Nowiny o znamenitem a Strassliwem Zeme trzeseny / kterež se w Slesku / Morawie / a po wssech Rakauskych / obzwlasstnie pak Widni stalo / a czo zawelikau sskodu na kostelich / a Domich vczinilo / 15. tiho dne Miesycze Zarzy tohoto 1590. Letha.

Milj Krzestiane / poniewadž tento bidny Swiet takowymi panem Bohem zapowiedienymi hrzychy na plnien / a od kaczyeni gest / a czym dal wzdy wicz hrzessyme a hrzessiti ne presstawame / nemuž nas pan Buoh yakožto milostiwy Otec dosti skrze diwy za znaky swymi / a napominami od takowych hrzychuow k prziglaniu / ak pokany czynniem napominati / abychom przestanssij wsseho zleho k nemuse otkly. yakož pak dosti pieknych przykladuow a przypowiedi w pismich Swatych mame / kdež prawi Lukass 21 kapitole / budau znamenij na Sluncy / Miesyczy / a hwiezdach / y moczy Nebeske hezbau se budu / a gine znamenij a zazraky kterež se stanau przed przychodem Pane. tak abychom sauc napominani pokani czynili od zleho a hrzychuow presstali a k niemu se obratili nowy krzestiansky žywot kase wzali. My yako za twrdile krzestiane gmeno Boží wzywame / a ponem ne postupugem. tak že giž dobrotiwy milostiwy Otecz / (kdež prawi / nechcy Clowieka hrzyssneho Smrti / ale radiegi aby se odwratil a žywbyl) nemuž zan chati nas wzdy wicz k pokani napominati / nybrž swau moc prokazati racžil przedne na mnoha dny po wssech krajinach Miestech / Miestecžkach w Slesku / Morawie / w Rakauskych / obzwlasstnie pak w Miestie Widnij / yakž mnohym wiedome / že 15. tého dne miesycze zarzy tohoto 90. letha w nocy o 12. hodinach na pul orloge takowe hrozne strassliwe a neslychane Zeme trzeseni se stalo czehož se lide welmi lekli a takowe Zeme trzeseni ney wicze bylo / dij i hoit na [illegible] od čehož se wssecko Miesto Widen za trzaslo / takže z Wieže przy kostele S. Sstiepana cžele sstukowe skrz Strechu do Kostela prepadli / a tak gi roztrzaslo že tu Wieži Snesti dali te wnislau. Dale pak wysoke Brany / przi Kostele [illegible] wsseckuu swrchu a pod Kostela zborylo / pod kteraužto Wieži miel geden Clowiek kram czo Chleb prodawal a w niem každau noc lihal / ten kram z teii Wieže kamenim wssecken zborzen a to Clowieku wicz wäuzieno nem giste kameni wssudy a kolo nieho leželo nez welky diw gest. Též take hospodsky dum v zlateho Slunce wssechen zbořylo a w niem niekolik Osob zabilo / totiž Hospodyni / dcerku gegi / Matku Hospodyni / dwa kupcze / gednoho Peslaz Lincze / a z Rzime. czož gisstie hrozne slysseti gest: Též take v S. Michala Wieži až pohedinij owrhlo: Též v Gezuitu Wieži / v S. Wawrynce a / v S. Jana sspicze sau od takoweho Welikeho zemie trzeseni nahromadu z boreny / a na mnohych domich sstioba wzymena / a temierz we wssem Miestie žiadneho domu nem / aby od něhož trzeseny trzieny nebyl / kterežto Zemie trzeseni tak welmi lydi presstrassylo / a by yaczne wzynilo / že giež derzij strachem w Miestie spati nechtiegi / obawagice aby niekdy Miesto Necžnat wssecko nahromadu nepadlo / nybrž na nocz do zahrad swych lihat chodi. Též take wgedne Wsy nedaleko od Widnie / gmenem Hernals / Kostel a niekolik domuu nahromadu se zborylo. Též take Miesto Duln takoweho zemie trzeseni se sskodau pocziti nalo. Protož gistotnie dosti przyczyn mame / abychom hrzichuu presstanuce pokani činily pana Boha za milost prosyli / a nowy Krzestiansky žywot nasse wzali. abychom nebyly yako tiech piet Blaznowych pannen leniwi a o spaly / ale podobni tiem piet Maudrym pannam ktere swe lampy nachystaly / tak take my czystym Srdcem hotowi byti a przissti pana Gezukrysta oczekawati mame k temu nam pan Buoh dopomoczy racži. AMEN.

Wytisstieno w Olomuci / v Walentina Klyna / v Nowe Brany.

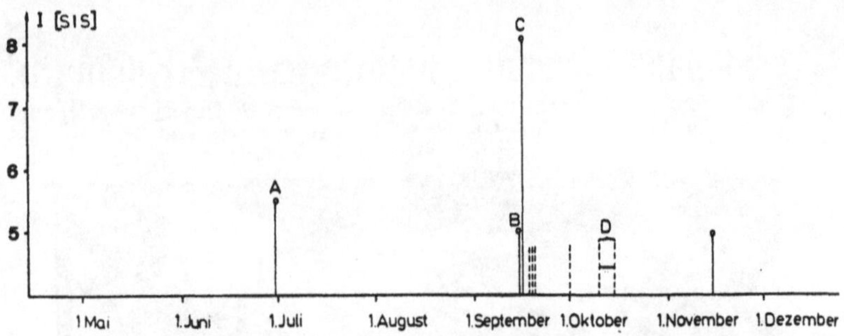

Abb.2. Kalender der 1590 in Wien gefühlten Erdbeben

Fig.2. Calendar of earthquake felt in Vienna 1590

¦ Beben ohne Intensitätsabschätzung
Earthquake without estimation of the intensity

A Erdbeben bei Kirchberg am Wechsel
Earthquake near Kirchberg/Wechsel

B 2 Vorbeben, vermutlich bei Neulengbach
2 foreshocks, probably near Neulengbach

C Hauptbeben bei Neulengbach und 8 Nachbeben
Main shock near Neulengbach and 8 aftershocks

D 2 Nachbeben ohne genaue Zeitangabe
2 aftershocks without accurate time-specification

Abb.3: Turm der Michaelerkirche in Wien nach Kieslinger (1953). Links: Vor dem Beben (nach einem Stich von 1558). Rechts: Nach dem Wiederaufbau 1594 des beim Beben zerstörten Turmes. Der neue Turm ist um rd.16 m höher als der alte.

Fig.3: Tower of St.Michael's church in Vienna after Kieslinger (1953). Left: before the earthquake (after a print of 1558). Right: after reconstruction of the tower destroyed by the earthquake. The new tower is 16 m higher than the old one.

Abb.4: Grundriß der Stadt Wien, umgezeichnet nach einer Karte von Francisco Couiers Ingenieur del: 1605, Codex d. k.k. Hofbibliothek N: 8609, 1881. Die Gegenüberstellung der beschädigten und der unerwähnt gebliebenen Kirchen in Wien gibt eine Vorstellung von der Stärke der Erschütterungen. 8 von 18 Kirchen sind nachweislich schwer beschädigt worden. Die als beschädigt gemeldete Kirche St.Johannes konnte auf der Karte nicht eruiert werden.

Fig.4: Map of Vienna, redrawn after a print by Francisco Couiers Ingenieur del: 1605, Codex of the k.k. court libary N: 8609, 1881. The comparison of damaged churches and churches not mentioned provides general knowledge of the extent of the destruction. 8 of 18 churches have been damaged. The damaged church St.John has not been found in the map.

1	St.Michael	4	St.Maria?	7	St.Lorenzo
2	Schotin	5	St.Stephan	8	Haus "Zur guldenen Sunn"
3	Jesuits	6	St.Dominico		

● Kirchen mit schweren Zerstörungen, z.B. Einsturz des Turmes/ Churches with considerable damages such as collapse of the tower

○ Kirchen, die 1590 existierten, von denen aber keine Schäden berichtet werden/ Churches, which existed 1590, but without reports of damages

■ Einsturz eines Hauses/ collapse of a building

Additional material from *Erdbeben als historisches Ereignis,*
ISBN 978-3-540-18048-7 (978-3-540-18048-7_OSFO2),
is available at http://extras.springer.com

Abb.5. Die Abbildung zeigt den beschädigten Stadtturm von Tulln (nach einem Foto der Verfasser 1986). Dieser nur wenige Jahre vor dem Beben von 1590 errichtete Stadtturm erlitt beträchtliche Schäden, "...daß dieser von oben herab biß zu dem ende ganz und gar zerkhloben war, und mit höchster gefahr ain stueckh darauf abzuschießen..."(91). Das Foto zeigt die Verbindungsstelle des Turmes mit der inzwischen abgetragenen Stadtmauer. Die nahezu vertikale 10-15cm breite Kluft durchläuft den Turm zur Gänze von oben bis unten. Oberhalb des Fensters (im Foto teilweise durch einen Baum abgedeckt) ist sie wegen durchgeführter Reparaturarbeiten nicht mehr sichtbar. Die Kluft unterscheidet sich durch ihre Breite und die Abrundung ihrer Kanten deutlich von den vielen feinen Rissen in der Vorderfront, die durch Bombeneinwirkung im 2.Weltkrieg entstanden sind. Ein ähnlicher vertikaler Spalt durchsetzt die entgegengesetzte Seite des Turmes, der auf diese Weise in zwei Hälften zerlegt ist. Es wäre denkbar, daß die beiden klaffenden Spalten ursprünglich durch das Erdbeben 1590 entstanden sind. Erdbebenschäden dieser Art sind typisch für Setzungserscheinungen. Für diese Deutung spricht auch, daß die Risse nach dem Beben verputzt wurden, sich aber wieder öffneten.

Fig.5. The damaged town tower of Tulln (photo taken by the authors in 1986). The town tower of Tulln, built a few years before the earthquake had suffered severe damage, so that "...it had been split from top to bottom". The photo shows the link between the tower and the old town wall, which has been pulled down. The cleft,10-15cm wide, runs nearly vertically down the whole front. Above the window (partially concealed by the tree) it cannot be seen because of repair work done recently. This cleft looks different from the fine and irregular cracks caused by bombs during the second world war.A similar cleft exists down the opposite side of the tower, dividing it into two parts. This damage could have been initiated by the earthquake 1590. The earthquake damage is a typical soil settlement effect. The clefts caused by the earthquake were repaired from time to time but they reappeared.

Abb.6. Ortschaften mit Schadensmeldungen im Epizentralgebiet. Die schwersten Zerstörungen traten in dem am südlichen Ufer des Moores im Tullner Feld gelegenen Ortschaften auf. Die schweren Schäden in den 30 km südlich davon gelegenen Ortschaften Traiskirchen und Pfaffenstedt deuten darauf hin, daß das Zentrum der meizoseismischen Zone in dem 1590 noch unbesiedelten Wiener Wald innerhalb des um N1 gezeichneten Kreises gelegen hat.

Fig.6. Damaged villages in the meizoseismic area. The most severe destructions have been reported from villages near the southern margin of the Moor in the Tullner Feld. Considerable damage 30 km south of the Tullner Feld (Traiskirchen, Pfaffenstedt) lead to the conclusion that the epicenter was in the Wiener Wald mountains (within the circle N1). The Wiener Wald mountains were uninhabited in 1590.

Nr.	Ortschaft village	Quellengattung type of source A,B,D	Quellengattung type of source C,E nicht vollständig listening uncomplete
1	Tulln(Dula,Tuln))	Ko,N,R,T	
2	Langenlebarn	Ko,N	
3	Michelshausen	Ko,N	
4	Alzersdorf(Ätzlsdorf)	Ko	
5	Pixendorf(Puchsendorff)	He,Ko	
6	Judenau(Iutenau)	He,Ko,N	
7	Baumgarten(Paumbgarten)	Ko	G
8	Katzelsdorf		G
9	Tulbing(Dulbing)	Ko,N	G,H
10	Königstetten(Khunigsteten)	Ko,N	G
11	Klosterneuburg		Sk
12	Diesendorf(Dihsendorf,Tieffendorf?)	N	G
13	Abstetten	Ko,N	B,G,H
14	Sieghardskirchen(Sigherskhirchen)	Ko,He	
15	Rappoltenkirchen(Roppoltenkirchen)	N,NöLa	
16	Mauerbach(Maurbach)	Ko,P,N	
17	Rust	Ko	
18	Thurn(nahe St.Christophen)	NöLa	
19	Hernals(Hernalsum)	He	
20	Wien(St.Stephan)	Fu	
21	Pfaffenstätten(Pfaffenstedt)	He	
22	Traiskirchen(Draisskirchen)	Fu	
23	Ebreichsdorf		H,Re,S
24	Leubersdorf		G,H
25	Sitzenberg(Sitzbergum)	N	
26	Dotzenbach(Totzenbach)	N	
27	Langenrohr(Ror)	N	
28	Zwentendorf	Ko	
29	Dietersdorf	Ko	
30	Gollarn(Salbern,Galbern?)	N	

Quelle:

Fu	Fugger
G	Geiblinger
H	Hoff
He	Hedericus
Ko	Rentamt Königstetten
N	Neubeck
NöLa	Niederösterr.Landesarch
R	Rasch
Re	Reindl
Sk	Stiftsarchiv Klosterneub
T	Stadtarchiv Tulln

Additional material from *Erdbeben als historisches Ereignis,*
ISBN 978-3-540-18048-7 (978-3-540-18048-7_OSFO3),
is available at http://extras.springer.com

Abb.7. Die Besiedlungsdichte zur Zeit des historischen Bebens zeigt, wo Bebenmeldungen zu erwarten sind. Die in den Bereitbüchern genannten Häuserzahlen ermöglichen u.U. eine Intensitätsbestimmung, falls die Zahl der zerstörten Häuser überliefert ist. Die hier wiedergegebene Karte der Besiedlungsdichte 1590 zeigt, daß der Wiener Wald und die Auwälder der Donau damals praktisch unbesiedelt waren. Darum gibt es aus diesen Gebieten keine Bebenmeldungen. Die Karte enthält nur Ortschaften, deren Häuserzahl aus den Bereitbüchern zu entnehmen war. Der Kreis umschließt das Gebiet, in dem das Epizentrum vermutet wird.

Fig.7. A map of the density of settlements during the time of the historical earthquake shows the area where we can expect reports. The number of buildings of a village provide the basis for an estimate of the intensity where the number of buildings destroyed by the earthquake has been reported. The Wiener Wald mountains and the inundation area of the Danube were practically uninhabited in 1590. That is why no reports of the earthquake come from these region. The circle comprises the area where we expect the epicenter. The map represents only villages, which have been found in the tax lists of 1590.

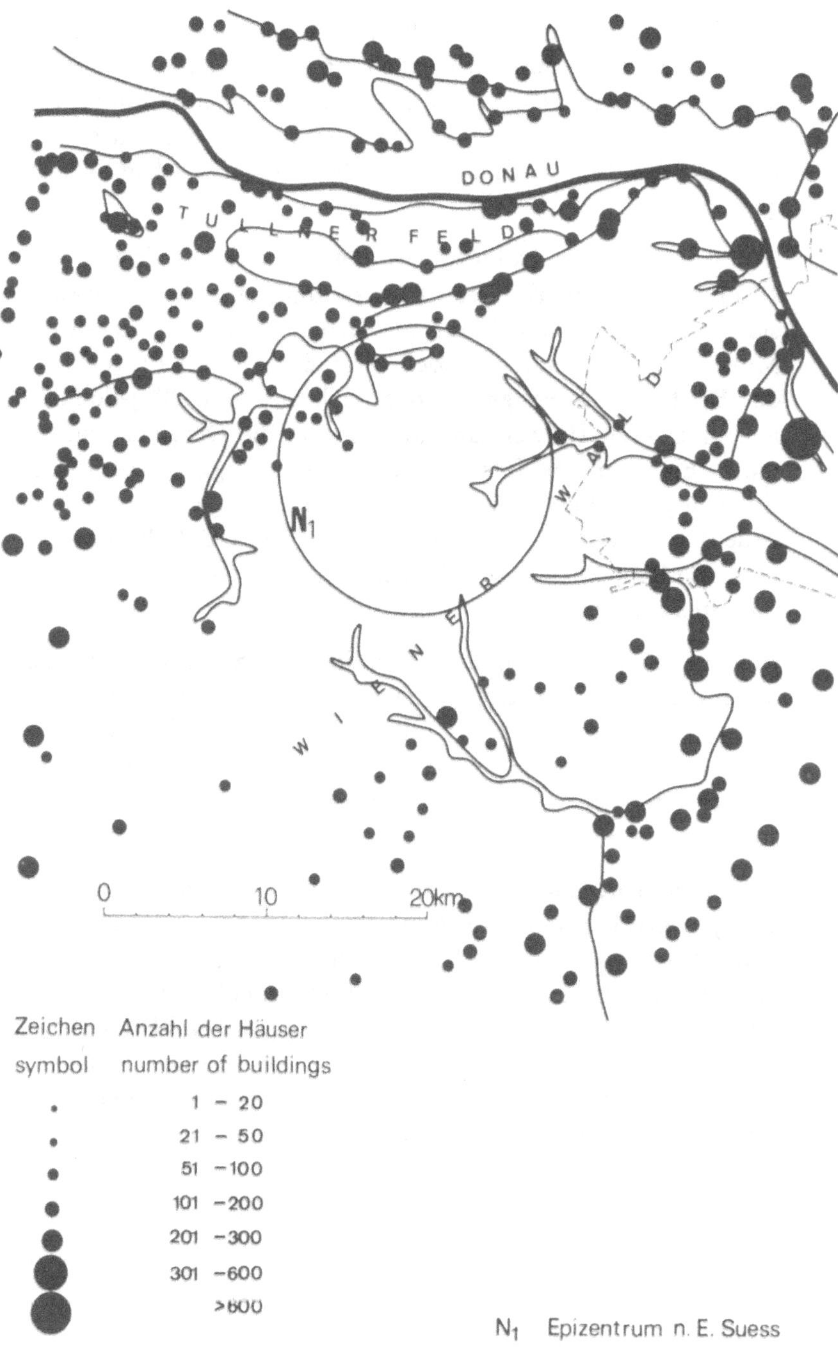
DONAU
TULLNER FELD
WIENER WALD
N1
0
10
20km
Zeichen
symbol
Anzahl der Häuser
number of buildings
1 – 20
21 – 50
51 –100
101 –200
201 –300
301 –600
>600
N1 Epizentrum n. E. Suess

Abb.8. Beispiel für die Entzifferung und Deutung eines originalen Dokuments und Richtigstellung einer Fehlinterpretation. Das Beispiel veranschaulicht, wie falsche Ansichten durch Verwendung und Weitergabe von unvollständigen Zitaten entstehen. Bei der Textdeutung müssen die zeitgenössischen Sprachgewohnheiten berücksichtigt werden.

Auf Grund dieses Dokumentes (Fuggerbrief aus Prugg vom 19.11.1590) nahm E.Suess 1873 irrtümlicherweise an, daß es sich um eine Bebenmeldung aus dem heutigen Bruck an der Mur in der Steiermark handelt. Tatsächlich enthält der Titel des Briefes "Auß Prugg in Österreich ob der Enß" jedoch einen indirekten Hinweis darauf, wo man die Ortschaft suchen muß. Es wäre z.B. falsch anzunehmen, Prugg müsse an der Enns liegen. Das Wort "ob" bezieht sich auf Österreich und bedeutet "oberhalb" der Enns bezüglich des Gefälles der Donau. Es handelt sich somit nicht um die Steiermark sondern um Oberösterreich.

Fig.8. Example of deciphering and interpretation of an original document and correction of an error in an older publication. The example visualizes how fallacies may happen by an incomplete reference. It makes clear that the correct understanding of a text requires some knowledge of the contemporary use of terms.

This document (Fugger letter written in Prugg September 19th 1590) misled E.Suess 1873 to the opinion that the message came from Bruck upon Mur in Styria. Yet the heading of the letter "aus Prugg in Österreich ob der Enß"provides an indication where we should expect Prugg. It does not mean "Prugg upon Enß". The term 'ob'refers to 'Österreich' and means 'upstream' with respect to the Danube. Therefore the message comes from a place in Upper Austria and not in Styria.

Auß Prugg in Österreich ob der Enß, 56
19. Septembris, A° 1590.

Vergangenen Dienstags den 15. diß vmb [illegible] vmb 4 vhr, ist alhie abermals ain Erdbidem gehört, welcher wol anfangs
von wenig leüthen war genommen worden, doch hat
man sollichs in vnserm hauß [illegible] verspürt, vnd nach-
malß vmb 6. vhr, nachts widerumb, wie ich dann [illegible]
im hauß auf ainer banckh sitzendt, etlich zeit lang [illegible]
empfunden, sich der maßen erschüttet, daß mir die schrifften
schier auß der hand gefallen waren. Hernach aber
vmb 12. vnd dann 1. vhr in der nacht. Sonderlich ain
viertel stundt vor 1. vhren, hat sich vil mer vnd schröcklich
erzaigt, bey ½ viertel stundt continuiert, daß die noch
alle häuser, vnd was darinnen, der maßen erschüttet,
daß man schlaffendt gewest gewißlich ermundert worden,
vnd in den zimmern ain solches praßlen gewest, als
wollte alles einfallen, welches ist zu [illegible] aller ort,
weil man noch erfaren mögen, gesehen vnd gehört worden
nit allein in den häusern, sondern auch auf [illegible]
wäldt, am Hölzern vnd wälden, daß sich die Bäum vnd
wurtzel erschüttet vnd gebracht haben, dergleichen ain
[illegible] mir gehört, wie sich dann vor 6. wochen
dergleichen auch erzaigt, also daß sich die [illegible]
[illegible], als den thurn begraben müessen, sind also 4.
etlich tag wol vmb 6. Erdbidem in dieser zeit
gehört, vnd war genommen worden. Der Allmechtige
verleihe, daß sollichs vngewonliche [illegible] zum guten außgehen werden.

Abb.9. Zeitgenössische Karten dienen in dieser Arbeit vor allem der Lokalisierung von Ortschaften, die heute nicht mehr existieren. Hier handelt es sich um die beim Fuggerbrief in Abb.8 genannte Ortschaft "Prugg in Österreich ob der Enß". Die wiedergegebene Karte ist von A.Hirschvogel 1583 publiziert worden. Sie enthält eine Ortschaft "Pruckh an der Aschach"(in der Abb. durch einen Kreis bezeichnet), die als das im Fuggerbrief genannte "Prugg" identifiziert wurde.

Fig.9. Contemporary maps may help to identify villages which do not exist any more. This is the case for the village referred to in fig.8 named "Prugg in Östereich ob der Enß". The map in fig.9 from A.Hirschvogel 1583. It shows a village "Pruckh an der Aschach" which we identified with the "Prugg" in the Fugger letter.

Additional material from *Erdbeben als historisches Ereignis,*
ISBN 978-3-540-18048-7 (978-3-540-18048-7_OSFO4),
is available at http://extras.springer.com

Abb.10. Ortschaften und Bebenmeldungen aus dem Fernfeld. Die aus der Legende ersichtliche Bezeichnung der Orte enthält sowohl die geschätzte Intensität als auch die Quellengattung. Meldungen der Quellengattung E (Rechtecke oder offene Kreise) häufen sich in großen Distanzen vom Epizentrum. Ihre Verläßlichkeit ist fraglich. Es fällt auf, daß aus dem inneren Bereich der Alpen und dem osmanischen Herrschaftsgebiet von 1590 das Beben nicht gemeldet wurde. Weiters erstaunt, daß auch aus dem Raum zwischen der Donau und der tschechischen Grenze keine Meldungen zu finden waren. Hier müßte das Beben Gebäudeschäden angerichtet haben. Die Ortschaften mit Meldungen im Nahfeld sind der Übersichtlichkeit halber durch kleinere Kreise (innerhalb des Rechteckes) angedeutet.

Fig.10. Places in the far field where the earthquake has been reported. The localities are indicated by the name of the town, the estimated intensity and the source type. Messages of source type E accumulate at great epicentral distances. They are regarded not to be reliable. It is a striking feature that no messages came from the inner portion of the Alps and the Osmanic empire of 1590. We have no explanation for the lack of reports from the area between the Danube and the Czechoslovac border. The earthquake must have terrified the population and caused damage here. Localities in the near field have been indicated by small circles within the rectangle.

Additional material from *Erdbeben als historisches Ereignis*,
ISBN 978-3-540-18048-7 (978-3-540-18048-7_OSFO5),
is available at http://extras.springer.com

Tab.2. Zwei Versuche einer Herdtiefenbestimmung nach Franke und Gutdeutsch 1976.

	Isoseistenradien/radii of isomals (km)	
I[SIS]	1.Versuch 1st trial	2.Versuch 2nd trial
9	8	5
8	29	30
7	68	68
6	124	126
5	200	205
4	311	303
A	-.01038	-.00405
B	-1.0444	-1.8421
h(km)	2	28

Es wird vorausgesetzt, daß

$$b = Cx^B \exp (Ax)$$

(I = Intensität in SIS, b = mittlere seismische Beschleunigung, A, B, C = Konstante, x = Laufweg der seismischen Raumwellen).

Die beiden Beispiele zeigen, daß man bei Variationen der Isoseistenradien innerhalb plausibler Grenzen Herdtiefen zwischen 2 und 28 km errechnet. Angesichts dieser Lage wäre eine Fehlerrechnung nicht sinnvoll. Da nach bisherigen Erfahrungen die größeren ostalpinen Beben vorwiegend in der unteren Erdkruste ($h \geq 15$km) vorkommen, halten wir dies auch für das Beben von 1590 für wahrscheinlich.

Tab.2. Two trials of the determination of the focal depth after Franke and Gutdeutsch 1976. The method implies that

$$b = Cx^B \exp (Ax)$$

(I = Intensity in SIS, b = mean seismic acceleration, A, B and C = coefficients, x = path of seismic body waves)

These two examples show, that small variations of the isomal radii within reasonable limits lead to focal depths between 2 and 28 km. Therefore it is not useful to make an error calculation. It is known from 20th century data that the foci of greater East Alpine earthquakes occur mostly in the lower crust ($h \geq 15$km). There is some evidence that the earthquake of September 15th 1590 happended in lower crust as well.

Abb.11. Wenn sich im Epizentralgebiet eines historischen Bebens in modernen Zeiten ein neues Beben ereignet, so liefert dieses eine wichtige, wenn auch problematische Vergleichsgrundlage. Das trifft für das hier dargestellte Beben vom 3.Januar 1873 zu. Isoseisten nach Drimmel und Lukeschitz 1986:

+ nicht klassifizierte Meldungen, • Positivmeldungen, o Negativmeldungen

Fig.11. A new earthquake in modern times occuring in the epicentral area of an historical earthquake provides an important but problematic basis of comparison. The epicentres of the shock of January 3rd 1873 presentes in this figure and that of the shock of September 15th 1590 coincide. Isomals after Drimmel and Lukeschitz 1986:

+ report not classified, • classified report, o not felt

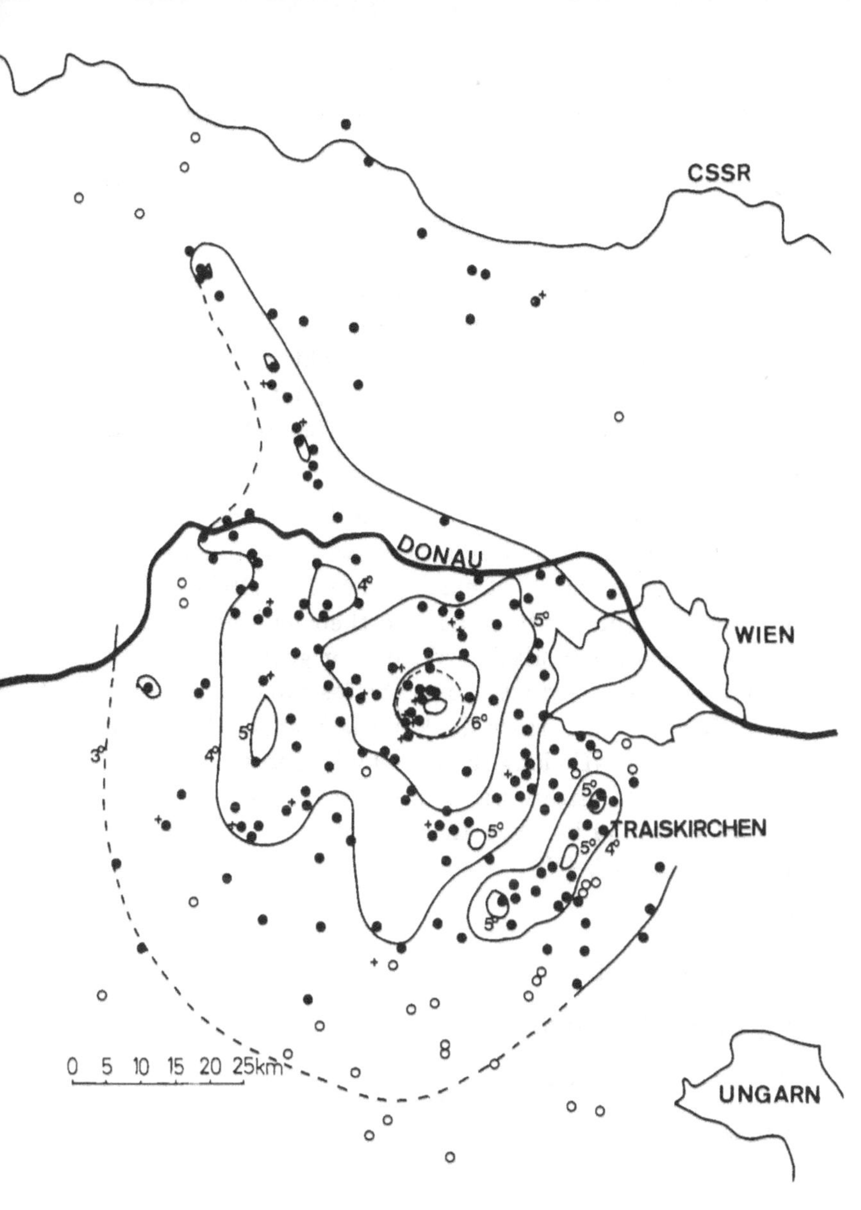
CSSR
DONAU
WIEN
TRAISKIRCHEN
UNGARN
4°
5°
6°
3°
0 5 10 15 20 25km

Abb.12: Karte der LANDSAT-Bildlineamente nach Buchroithner(124) und Epizentren der Erdbeben der Maximalintensität I_0 größer gleich IV für die Zeit 1901 bis 1983. Ca. 80% der auf die Länge bezogenen Bildlineamente müßten als geologische Störungen und Kluftansammlungen im Gelände feststellbar sein. Seit 1901 sind das Mur-Mürztal (MM) und das östliche Wiener Becken besonders bebenreich. Auch im Bereich der Diendorfer Störung(DD) scheint eine breite, etwa NNE-streichende Zone schwach seismisch aktiv zu sein. Demgegenüber ist eine Bebentätigkeit entlang der vermuteten Alpennordrandstörung zwischen den Epizentren Scheibbs (S) und N1 (Neulengbach) nicht nachweisbar.

Fig.12: Map of LANDSAT photo lineaments according to Buchroithner (124) and epicenters with maximum intensities I_0 greater or equal IV of earthquakes 1901-1983. About 80% of the lineaments (with respect to their lengths) should be associated with accumulation of clefts or geological faults. Since 1901 the seismic activity concentrates on the Mur-Mürz valley (MM) and the eastern flank of the Viennese basin. A broad zone striking NNE along the Diendorfer Fault (DD) has a weak seismicity. This figure visualizes that an increased seismicity cannot be found between the epicenters of Scheibbs 1876 (S) and Neulengbach (N2).

Legende:

$I_0 <$ V Grad SIS

V $\leq I_0 <$ VI Grad SIS

VI $\leq I_0 <$ VII Grad SIS

VII Grad SIS $\leq I_0$

Additional material from *Erdbeben als historisches Ereignis,*
ISBN 978-3-540-18048-7 (978-3-540-18048-7_OSFO6),
is available at http://extras.springer.com

Additional material from [illegible]
ISBN 978-[illegible] 978-3-540-[illegible]
is available at http://[illegible].com

Zeitfracht Medien GmbH
Ferdinand-Jühlke-Straße 7
99095 Erfurt, Deutschland
produktsicherheit@kolibri360.de